儿童安全百科

假期贴士

郑渊洁 / 原著　皮皮鲁总动员 / 改编

浙江少年儿童出版社·杭州

图书在版编目(CIP)数据

儿童安全百科·假期贴士/郑渊洁原著;皮皮鲁总动员改编.—杭州:浙江少年儿童出版社,2016.5(2020.12重印)
(皮皮鲁送你100条命)
ISBN 978-7-5342-9252-1

Ⅰ.①儿… Ⅱ.①郑…②皮… Ⅲ.①安全教育-儿童读物 Ⅳ.①X956-49

中国版本图书馆CIP数据核字(2016)第038734号

皮皮鲁送你100条命
儿童安全百科·假期贴士
郑渊洁 原著
皮皮鲁总动员 改编

责任编辑 刘迎曦
总 策 划 郑亚旗
监　　制 吴云琴
责任印制 王 振 马 林

浙江少年儿童出版社出版发行
(杭州市天目山路40号)
北京盛通印刷股份有限公司印刷
全国各地新华书店经销
开本 710mm×1000mm 1/16 印张 10
印数 94001—104000
2016年5月第1版
2020年12月第8次印刷
ISBN 978-7-5342-9252-1
定价:26.00元
(如有印装质量问题,影响阅读,请与购买书店或承印厂联系调换)
承印厂联系电话:010-52249888转8836

目录 CONTENTS

第一章 独自在家要小心

安全漫画

6 电老虎们

安全科普

14 电形金刚

16 一个人在家

19 我什么都不知道

21 巧辨陌生人

23 浴室安全事项

24 厨房里的妖怪

26 游戏禁地

透视眼

28 电器猛虎

第二章 室外游戏要留神

安全漫画

32 畅玩游戏

安全科普

42 警察抓小偷

44 跳皮筋

46 攀爬类游戏

48 骑马打架

50 123 木头人

52 棋牌游戏

54 远离精神病患者

56 不当狙击手

58 徒手玩游戏

舌战

60 户外游戏好还是室内游戏好？

第三章 开开心心过大年

安全漫画

64 喜迎新春

安全科普

72 砰砰啪啪真热闹

74 安全过节记心间

76 注意，有陷阱！

透视眼

78 过年咯！

第四章 外出旅行要当心

安全漫画

82 去罗克的家乡

安全科普

90 放假去哪儿

94 好奇害死猫

96 舌尖上的陷阱

98 旅行之前的准备

104 交通安全大比拼

108 即将消失的美景

透视眼

110 美丽的田野

第五章 人山人海要绕道

安全漫画

114 跨越人山人海

安全科普

122 不见不散

124 挤踏求生术

126 假期培训小贴士

舌战

128 该不该参加节日活动？

第六章 不贪便宜不炫富

安全漫画

132 贪便宜没好事

安全科普

140 小诱惑大隐患

144 诱惑背后的真相

146 拒绝炫富

150 遭遇绑架如何应对

舌战

154 学生要不要追求名牌？

危险区域
禁止通行
危险区域
禁止通行
危险区域
禁止通行
微波炉可以做饭，洗衣机是洗衣服小能手，电冰箱能储存爱吃的冰激凌……毫无疑问，这些家电给我们带来了很多便利。可是你知道吗？一旦操作不当，它们会变身成杀手的。
危险区域
禁止通行

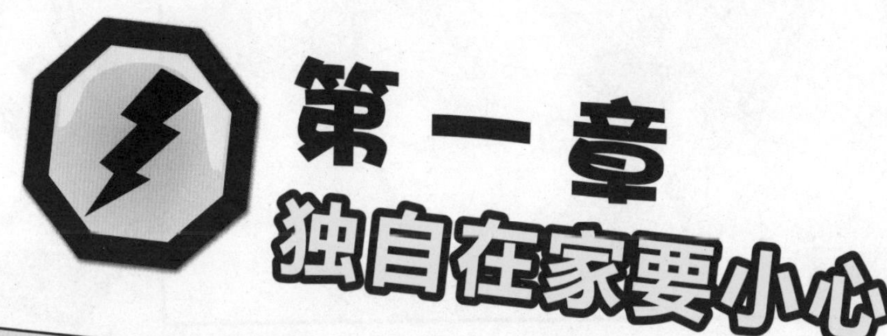

第一章 独自在家要小心

电老虎们

罗克！亏你还是个成年人！睡觉的时候开着一屋子电器，你不怕漏电失火？你不怕手机辐射？
昨晚玩着游戏就睡着了……我以后会注意的。
一大早你找我什么事啊？
对了！
罗克生日快乐！我是来给你过生日的！
哈哈，谢谢！谢谢！
这是我和老郑一起送你的生日礼物。据说是老郑亲手织的！
毛衣！真是太好了！最近天气凉了，我正好穿上。
这毛衣是化纤的吧，静电也太大了……
嘿嘿，可能是老郑预算不够了……

没事！静电
我扛得住！
可别这么说，静电也有可能会引发火灾，还容易造成身体不适、皮疹或者心律失常……我看我回头再送你一瓶抗静电洗涤剂吧。
嗯，卧室里摆这么多电器的确很危险。我得整理好这些带电的东西。顺便提高室内湿度，这样就能防止静电了！
还得防止电器的辐射。
舒克和贝塔呢？
一定还在睡懒觉，我们去掀他俩被窝！
咦？舒克人呢？
去上厕所了吧？
没关系，我们去找贝塔。

咦？这俩人都去哪儿了？
去哪儿了呢？
生日快乐！罗克！
惊喜吧，罗克！
你怎么跑到洗衣机里去了？这很危险！
这有什么危险的？洗衣机又没有启动。
如果是旧的洗衣机，电源没拔，容易漏电。如果你爬进去的时候一不小心触动了开关，或者我没仔细往洗衣机筒里看就直接把衣服丢进去，按动按钮开始洗……

现在害怕了吧，哼哼。看你以后还敢不敢做这么危险的事！
你说得我十分后悔！
贝塔呢？
他也躲起来了！
贝塔，贝塔，别躲了！贝塔，你躲哪儿了？
总不会躲到冰箱里去了吧？
哈哈，贝塔不会那么傻的！
贝塔？！
你躲到冰箱里是想把自己变成冰激凌蛋糕给我庆祝生日吗？

我……我以为……你……
你们……马上……就……
能……找……找到……
你们真是在用
生命给我
庆祝生日啊！
快喝点热水
缓缓，先别
说话了。
我在饭馆买了许多
好吃的菜，我们用
微波炉热热吃吧。
太好了！
你复原得
可真快……
亚旗你不是
在热菜吗？
为什么不在
厨房里，还
关着门？
微波炉运转的
时候会形成强
大的辐射，对身
体有害。所以微
波炉工作的时
候，我们能躲多
远躲多远！
用电器
学问可
真大。
不仅是微波炉，
几乎所有的电器
都带有辐射，最好
不要长时间使用，
也不要靠得太近。

我知道！比如睡觉的时候不能把手机放在枕头边。
通话时间也不宜太长。
夏天不能一直吹空调。
冬天也不能一直抱着电暖炉。
总之，我们生活中的电器虽然给我们带来很多方便，但使用不当就会带来危险！
真可怕！
菜热好了！我进去拿。
叮！
好香啊！
哎！不能把锡纸盒子直接放微波炉里！

为什么啊？
微波炉里不能放金属制品，否则容易爆炸哟！
乖乖，好可怕！
要用微波炉专用碗！
没错！
罗克，祝你生日快乐！
呜呜，太好了！我太开心，太感动了！
大发明家罗克，你每天都要跟电器打交道，一定要注意安全，防止辐射和触电哦！
那还用你说？我可是专家！
今天还有火锅呀！真好！
啊！
罗克，你刚才洗完手没擦干，手是湿的吧……
水是导电的，我真是太不小心了，呜呜……

电形金刚

数数你的家里有多少种电器？有没有超过 10 种？这么多的家用电器，你都会安全使用吗？

电冰箱

正确用法：电冰箱适合储存容易因高温而变质的食物。如果脏了，可以用布擦干净。

不能这样做：不要给冰箱“淋浴”，这样会造成漏电；不能在电冰箱下垫皮垫或木垫，因为冰箱的四只脚，不仅起支撑作用，而且起地线作用，能把产生的感应电流导入大地。

危险指数：★★★★

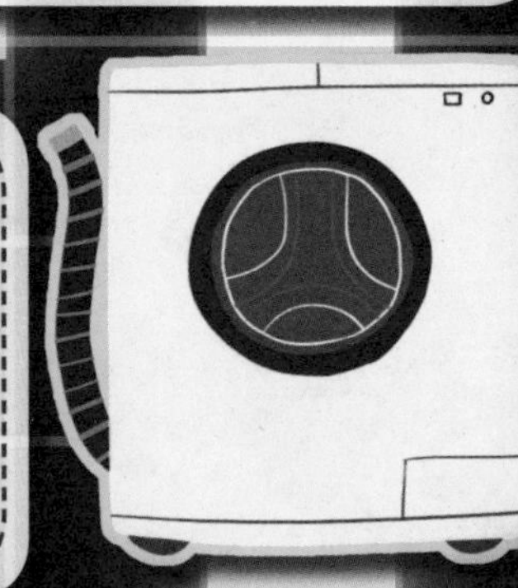

洗衣机

正确用法：洗完衣服以后，即刻断开电源。

不能这样做：钻进洗衣机筒里玩，万一洗衣机没有断电，或者一不小心碰触了按钮，你就会变成“正在被洗的衣服”！

危险指数：★★★★★

浴霸

正确用法：在家长看护和指导下使用。

不能这样做：安装浴霸不装排气扇，水蒸气无法排出会让人在使用中窒息。不直视浴霸灯，长时间看会导致失明。

危险指数：★★★★★

电熨斗

正确用法：电熨斗使用结束，马上断开电源。

不能这样做：让电熨斗长时间处于通电状态，会因过热引起火灾。

危险指数：★★★★

电热水壶

正确用法： 在指示灯彻底熄灭以后，及时拔掉电源插头。

不能这样做： 水烧好了，指示灯灭了，却保持通电状态，很有可能因为漏水导致漏电！

危险指数： ★★★★

电暖气

正确用法： 仅仅使用光秃秃的电暖气，它不会“生气”。

不能这样做： 给电暖气穿件外套或搭条毛巾，都有可能因温度过高燃烧起来，发生火灾。

危险指数： ★★★★

微波炉

正确用法： 开启微波炉以后，最好远离它，等到运行结束的声音响起，再去做其他的操作。

不能这样做： 不使用金属容器，运行时尽量远离它。

危险指数： ★★★

电吹风

正确用法： 在干燥的环境下使用电吹风，并做到“机不离手、离手关机”。

不能这样做： 在刚用完的浴室或有水的潮湿环境使用电吹风，很有可能发生漏电。

危险指数： ★★★★

电风扇

正确用法： 电风扇运行时，与它保持距离。

不能这样做： 用手去碰触正在“突突”转的电风扇，你的衣服或手指要是被卷进去，后果不堪设想！

危险指数： ★★★★★

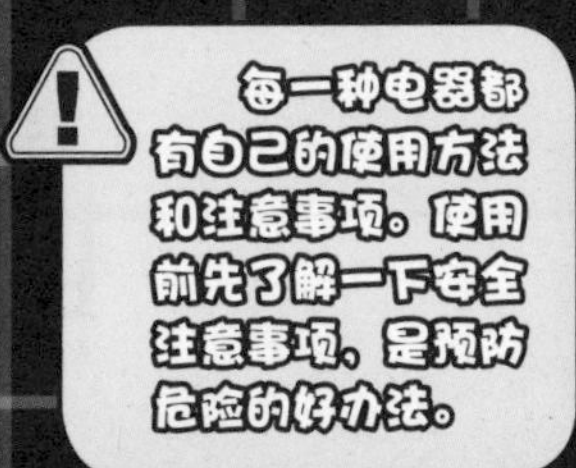

一个人在家

放假啦！爸爸妈妈都上班去了，我的家，我做主！

可是，我能做个懂安全的小主人吗？

小火苗大灾难

妈妈上班前，嘱咐我要扔掉垃圾。那样多麻烦，直接烧掉算了。**想偷懒？**

安全做法：下楼把垃圾扔到指定的分类垃圾桶，既环保，又能趁机锻炼一下身体，何乐而不为呢？

贝塔告诉你： 不玩火柴或打火机，不在室内、火炉旁燃放烟花爆竹，蜡烛不放在衣物、窗帘等旁边。还要牢记火警电话 119。

刀具锋利不认人

火电妖魔好可怕！吃个水果，压压惊。水果刀老兄，借你用一用！**小心！**

安全做法：用水果刀削皮时，姿势要正确，注意力要集中，否则你的手指要和刀刃亲密接触啦！

皮皮鲁的妙计： 用刀具时，要把钝的刀背对着自己，锋利的刀刃朝向外面。

煤气不是好惹的

咕噜噜，肚子在抗议。我要食物！怎么办？去厨房热父母提前准备好的饭。**别急！**

安全做法：在厨房烧水、做饭，首先需要掌握天然气或煤气的正确使用方法；使用时要守在旁边不离开；使用结束，记得关闭火源和阀门。你还可以请父母帮你准备好方便食品最好不要进入厨房重地。

鲁西西告诉你：如果你家里用的是煤气或天然气热水器，洗澡时记得注意通风，防止一氧化碳趁机潜入你的身体，威胁你的生命安全哦！

电老虎很猖狂

窗外寒风刺骨，室内瑟瑟发抖，好冷啊！插上电热毯，钻进被窝好暖和。**先等等！**

安全做法：使用电热毯，不仅要防止漏电，单次插电的时间还不能太长，睡前记得关掉开关。

舒克的妙计：不用铁丝等金属物品接触电源插座，湿手不摸电器，电器用完了赶紧关掉，既节约又安全。不独自使用微波炉。

阳台不是游乐场

阳台外面的护栏真好玩，上去荡秋千感觉肯定很棒！**止步！**

安全做法：阳台的护栏有可能已经松动不牢固，别去冒险做空中飞人哟，因为你没有超能力！

贝塔告诉你：身体跨到阳台外擦玻璃很危险，从阳台向下扔东西则有可能伤着路人。

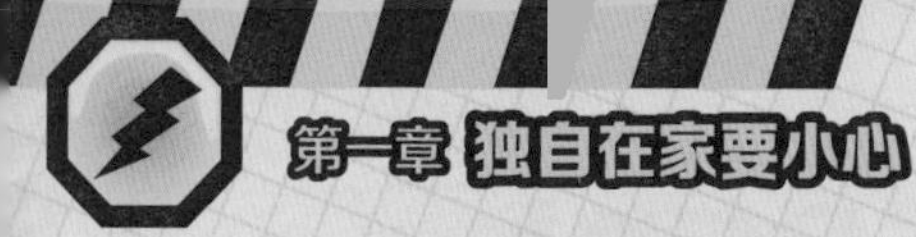

脏手就是细菌窝

哎哟，看电视的时间有点儿长，眼睛好疼啊！**揉揉怎么更疼了？**

安全做法：不用脏手去搓眼睛，更不要把手指头放进嘴里。吃东西前先把手洗干净。

鲁西西告诉你：东摸摸，西摸摸，手总是在接触不同的东西，不一会儿就沾上了很多细菌。勤洗手是避免细菌伤害你的最有效的办法。

生病不能乱吃药

肚子疼得厉害，怎么办？对了，爸爸前几天拉肚子买了药，**能直接吃吗？**

安全做法：自己不乱吃药，更不能吃大人的药。生病了赶紧告诉爸爸妈妈，或拨打急救电话120。

皮皮鲁告诉你：药品有成人用药和儿童用药之分，儿童需要吃儿童药品。一定要遵照医生的建议，按剂量服用。

暴饮暴食胃罢工

薯片真好吃，饼干也不错，香蕉、葡萄、石榴……肚子好胀啊！**嗝儿！**

安全做法：控制自己少吃零食，不暴饮暴食，给你的胃留下休息的时间。

舒克密语：边看电视边吃饭会影响消化。如果边玩边吃东西，你的肠胃会抗议哟！

想一想，你能做到懂安全，学会保护自己吗？如果以上八条你都能做好，就说明你是个合格的小主人！

我什么都不知道

当你一个人在家时，突然传来敲门声，或接到陌生人的电话，这时候你知道怎样保护自己吗？

就不告诉你

安全做法：陌生人敲门时，如果你拿不定主意，不能判断是好人还是坏人，首先要告诉你的爸爸妈妈，向他们核实来者的身份，或请他们帮忙。

鲁西西密语：家里和爸爸妈妈的电话号码、爸爸妈妈的工作单位、你的爱好、你的生日、你家电脑的密码、你的学校班级名称等等，这些都是你的私人信息，一定要对陌生人保密。

谁是陌生人

安全做法： 如果是你的家人，就果断开门；如果是陌生人，不妨先给你的爸爸妈妈打个电话，确认一下。

亚旗告诉你： 什么样的人是陌生人？彻底不认识的人、只在聚会上见过一次的大哥哥、推销员、修理工、不熟悉的老师或同学等等，都是陌生人。

告诉爸爸妈妈

安全做法： 认定他是陌生人，就千万不要告诉他任何关于你、爸爸妈妈以及你家里的信息。

皮皮鲁妙计： 防盗门上有猫眼，通过它你能看到门外的人到底是谁。

不防君子防小人，提高警惕，不轻易让陌生人进你的家，不泄露你和你家的私人信息，不给坏人留下可乘之机。

巧辨陌生人

快快开门，我……我是你、熟人……

如果有人敲门，刚好只有你一个人在家，你会辨别他是好人还是坏人吗？可以确定的是，坏人的头上肯定不会写上“我是坏人”！

确认对方的身份

可疑人物特征：说话吞吞吐吐，眼神游离，并用各种理由说服你马上开门。

亚旗告诉你：不要开门，告诉他你的爸爸妈妈快回来了，请他在门口等一会儿。

可疑人物特征：说你家的水费、电费、煤气费、电话费等欠费了，上门来收费。

亚旗告诉你：打电话向爸爸妈妈核实，请他说出工作证号码，打电话向对应的工作单位核实。不要开门交钱，更不要显示你有大量现金。

来借物品问清楚

可疑人物特征：借一些无关紧要的东西，而且你根本就没在你家附近见过他。

亚旗告诉你：不论他借什么，都说家里没有。如果是你认识但并不熟识的人，可以告诉他你找不到，等爸爸妈妈回来再借给他。

上门推销不开门

可疑人物特征：介绍自己的东西多么物美价廉，比如推销保险、电话卡、优惠卡等。

亚旗告诉你：你只要说不需要就可以了。如果对方说只是看看不要钱，或者免费赠送，你可别贪小便宜，天上不会掉馅饼！

快递外卖门口站

可疑人物特征：说自己是快递员却没有任何明显的身份标志；或者送来的东西你根本没有网购等。

亚旗告诉你：快递员一般都会穿着带有公司标志的服装，并且送来的物品是你正在等的。这时，你可以快速在门口签收，然后关紧门。

个人信息不泄露

可疑人物特征：“你家电话号码是多少？”“我是银行业务员，你的银行卡出了问题，快告诉我你的卡号和密码。”“你在哪儿上学？几年级了？”

亚旗告诉你：银行卡号和密码是不能告诉任何人的；你的学校信息和电话号码最好也只告诉你的亲人。

这下你知道了吧，再会伪装的坏人，在你机智的应对下也会无处遁形！

浴室安全事项

玩了一天，一身臭汗，赶快舒舒服服洗个澡吧！进浴室前，先看看下面这些建议吧！

脚下一滑 屁股开花

刚进浴室，扑通，脚底就像抹了油，一屁股坐到了地上。什么情况啊？

安全做法：洗澡时，浴室的地面湿滑，最好穿上防滑拖鞋，并铺上防滑垫。

亚旗告诉你：在浴室里做运动或玩耍时，可别因为太兴奋而忘记脚下都是水，要注意防滑。

头晕目眩 疲惫想睡

“啦啦啦啦……”边洗边玩，一不小心一个小时过去了，好想直接睡一觉。这是怎么了？

安全做法：洗澡的时间不要太长，否则一旦过于疲劳而睡着，滑进浴缸无异于自溺。

鲁西西密语：洗澡后别马上睡觉，不管你是长发飘飘，还是一寸短发，都要等头发干透再睡觉。

浴缸宽敞 不能游泳

哇，浴缸里装满水，就像个小型游泳池。能进去游个泳吗？

安全做法：家里的浴缸一般都适合大人使用，对于儿童来说，泡澡的空间绰绰有余，使用时要防止溺水或呛水。

亚旗告诉你：在浴缸里锻炼你的闭气能力，是很危险的事情。

密不透风 就要窒息

关门，洗——刷刷，洗——刷刷，洗——刷——刷，怎么像是没有空气了？

安全做法：浴室门窗不要关得过于严密，留一点儿缝隙透气，能防止因空气不足而窒息。

皮皮鲁妙计：使用燃气热水器的家庭更要留出换气的窗口，可防止一氧化碳中毒哟！

瞧瞧，洗个澡都得注意这么多安全问题！

厨房里的妖怪

“妈妈，你怎么还在厨房里？为什么做饭要这么久？”每次妈妈待在厨房里，鲁西西都会好奇地问。你对家里的厨房是不是也充满了好奇呢？

厨房里的电器妖怪：电饭锅、微波炉

鲁西西密语：电饭锅“工作”时喷出的蒸汽温度特别高，不能用布或者其他物品遮挡喷气孔；微波炉“工作”时会产生光波或电磁波，小心有辐射哟！

不能这样做：直接用手去挡电饭锅喷出的蒸汽；站在正在运行的微波炉旁边。

危险指数：☠☠☠☠

厨房里的水妖怪：热水瓶

鲁西西密语：远离装满开水的热水瓶。如果你想倒水喝，请轻轻拿掉瓶塞，端起热水瓶，缓慢地向水杯中倒水，然后把热水瓶平稳地放在原位置，盖上瓶塞。注意千万别把热水洒到身上哟！

不能这样做：打开瓶塞，手还停留在热水瓶口的位置；倒水的时候不小心把水洒到身上；碰倒热水瓶，里面的热水直接洒到身上。

危险指数：☠☠☠☠

厨房里的火妖怪：燃气灶

鲁西西密语：爸爸妈妈不在的时候，最好自己别用燃气灶。如果实在需要用，用完之后记得关火，并且注意千万别漏气。

不能这样做：在燃气灶上放容易燃烧的东西，比如塑料杯等；打开燃气灶后，忘记关火；熬粥或烧开水时，水溢出来浇灭了火，自己却不知道。

危险指数：☠☠☠☠

厨房里的电妖怪：电插座、电插头

鲁西西密语：把电插头插进插座之前，要先检查电插头上是否有水渍，而且，千万不要用刚刚洗了菜的湿淋淋的手去插或拔电插头哟！

不能这样做：用湿淋淋的手去插电或拔电；用手指或湿抹布直接碰电插座；电插头带着水往插座上插。

危险指数：

电冰箱不能捉迷藏

亚旗告诉你：电冰箱分冷藏和冷冻两个部分，尤其是冷冻室，温度低得能把水冻成冰块。如果你钻进去，说不定会被冻成“冰人”！

不能这样做：不管你家的冰箱有多大，不论是冷藏室还是冷冻室，都不要钻进去变“冰人”！

危险指数：☠☠☠☠

游戏禁地

和好朋友在家里玩捉迷藏？听着就很有意思！可是你要注意了，有些地方不能藏！

洗衣机会转起来

亚旗告诉你：很多家庭都有把洗衣机的电插头一直插在插座上的坏习惯。如果你钻进这样的洗衣机里，没准儿会不小心碰了按钮，变成“正在被洗的衣服”！

不能这样做：不要让家里的洗衣机一直处于待机状态，更不能钻到里面去。

危险指数：☠☠☠☠☠

壁橱不会说话

亚旗告诉你：壁橱又大又宽敞，是捉迷藏的最佳躲藏地。可是，如果一直没有被发现，你在里面睡着了怎么办呢？

不能这样做：躲在壁橱里睡着，可能会被很多衣服闷得透不过气来，所以，还是不要藏在里面吧！

危险指数：☠☠☠

阳台很高会坠落

亚旗告诉你：站在高高的阳台上往下看，你会头晕吗？即使从一楼的阳台掉下去也会摔伤，更何况是更高层呢！

不能这样做：不要爬到高高的阳台上，更不要站到护栏上玩“走钢丝”。

危险指数：☠☠☠☠☠

电器猛虎

各式各样的家电给我们的生活带来了很多便利，让生活的质量有了很大的提高。不过，如果使用不当，家电小助手也会变成恶魔的哟。图中一共有十处不恰当的地方，火眼金睛的你能都找出来吗？

小谜题
你能在画
中找到舒克和
贝塔吗？

爱玩是孩子们的天性，游戏必然会带给孩子们快乐。但是在游戏的同时，也要注意避免安全隐患。比如说游戏的地点，我们要尽量选择空旷、开阔的场地。地面平整且没有过多杂物，这样更能保障游戏者的安全。

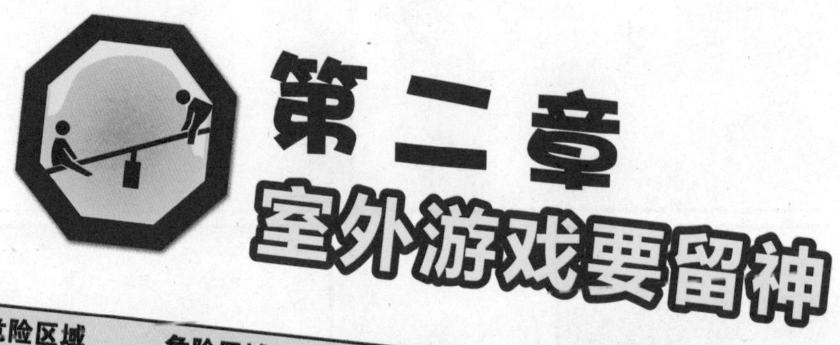

第二章 室外游戏要留神

畅玩游戏
地铁入口
1、2、3、4……

躲哪儿好呢？

……99、
100！

我开始找啦！
地铁入口

难道贝塔躲
里面去了？
地铁入口

出地铁的
人好多！

哎呀！

舒克！

亚旗！

不是告诉你们站在
地铁口外面等我吗，
你往里挤什么？

我去找贝塔！

咦？贝塔呢？
你俩不是一起
来等我的吗？

我俩刚才在玩
捉迷藏，不知道
他躲哪儿去了！

跑到地铁口来玩捉迷藏？这里人潮拥挤，地方也不开阔，多不适合玩游戏！
快帮我一起找贝塔吧！

贝塔，贝塔，别躲了！这儿不适合玩耍，我们去宽敞安全的地方玩吧！

哦！亚旗到了！

嘿，我在这儿！

贝塔，你没受伤吧？
我没事。

不是说好了等我到了大家一起去公园玩吗？你们就这么等不及？

我们都好几天没在户外游戏了，实在是憋得慌。
为什么？

前天我们在外面玩，结果被罗克拖回去了！

前天……
舒克，接住！

雾霾天就别在户外活动了，赶紧回家！

运动时会呼吸大量空气，光戴口罩是不行的！
我们戴口罩啦！

昨天……
太好了！下雨后
雾霾也消失了。
舒克我们出去玩吧！

好！

今天没有雾霾。
嗯，但是刚下过大雨，外面
又湿又滑，很容易滑倒摔伤，
而且天快黑了，
你们还是明天再出去玩吧！

就这样，我们已经
好几天没出来玩，
真是憋坏了！
哈哈，这次罗克倒是
做了正确的事情！

这个地方够宽敞，
我们今天玩什么？
我们来玩
摔跤吧！
哎呀！今天
忘记带足球了。

别……
亚旗，我们来比试一下谁力气大！
砰！
咱们别玩摔跤了，这游戏太激烈，很容易受伤，不适合小孩儿玩。
亚旗，你怎么不接招啊？
我们来玩1、2、3，木头人吧！
好呀好呀！这个游戏好玩！
1、2、3……
木头人！

嗯？
哎哟，不行了，脚腕子都抽筋了。
哈哈，你输啦！
亚旗，你心态真好！
没事！游戏输了就输了，不勉强。再挺一会儿我的脚就真抽筋了，那就可能一星期都没法玩游戏了！
脚没事吧？
1、2……
3……
木头人！

罗克！
嘿嘿嘿，看你们玩得挺有意思的，我也想尝试一下。
罗克！
舒克，你动了！所以你输了！
就是你输了！别想抵赖！
这不算！因为罗克忽然出现了！
哎，你们别……
我没有！
是你输了！
哎呀呀，是我的错！是我忽然出现扰乱了你们的游戏！别因为这种输赢小事就吵架嘛！
好吧，就算是我输了。吵架没好处。
嗯！吵架一点儿都不好。

干脆我们来玩点别的吧！
玩骑马打架！

骑马打架不适合你们年龄小的孩子玩。而且我们4个身高差这么多，比如罗克背着我，而舒克背着贝塔，根本就不公平嘛，很容易受伤！
的确很吃亏啊！

我有个主意，我们来玩跳绳吧！
这个主意好！

你们两个轮番跳过去，每次每人跳3下。如果没跳过就换你们甩绳，我和亚旗来跳。
这难不倒我！

1、2、3！
呼！
呼！

成功！
我来啦！

1、2、3！
这太轻松了！
呼！
呼！

我还会跳花样呢！
贝塔别做危险的动作！

看我的后空翻跳绳！

你怎么这么容易得意忘形啊！
哐！
哎哟！

别用你兜里的纸巾擦，我们平常装的钱和钥匙上都携带了上万种细菌呢！
啊呀，流血了，用纸巾擦擦！

真是太倒霉了。
今天户外游戏到此结束吧。我背你回家冲洗伤口，然后包扎。
你如果游戏时能注意安全，不做危险动作，就不会这样了。
我接受教训了。

警察抓小偷

舒克和贝塔最爱找小伙伴一起玩警察抓小偷的游戏，这回他俩算是体会了一把乐极生悲的感觉，一切还不是因为他们在玩游戏的时候不注意安全！

游戏档案

警察抓小偷

游戏人数： 2 人或以上

游戏规则： 一个人当警察，其他人当小偷。警察需要在规定时间和范围内，把所有的小偷都抓住。如果警察抓住了所有的小偷，则算警察赢；如果没有，则算小偷赢。

好玩指数： ★★★★

好玩要点： 小偷可以锻炼团队协作，互相打掩护对抗警察。警察突然掉转方向，追捕各个方向的小偷。

类似游戏： 三个字、戴草帽等追跑类游戏。

危险系数： ★★★

如何面对游戏时的潜在危险?

1. 追跑导致摔倒

舒克和贝塔在游戏中分别扮演警察和小偷，两个人由于追跑过于猛烈，导致一起摔了个嘴啃泥。结果一个擦伤，一个扭伤，好在都不太严重。擦伤的舒克清理了伤口，涂抹上红药水。扭伤的贝塔敷上冰毛巾。受伤的他俩暂时都不能玩游戏了。

2. 抓小偷戳了手

过于渴望抓到小偷的警察会在奔跑时用手去尽量够小偷，但如果这时候小偷突然停住，则很容易让警察戳了手。手被戳了之后，建议用冷水冲，可以喷上喷雾剂，一周之内避免手指再次受伤。

3. 游戏场地危险多

由于警察抓小偷游戏需要追跑，所以应该尽量选择在空旷、开阔的场地进行游戏。地面平整且没有过多杂物，会更能保障游戏者的安全。如果场地上人少一些更好，可以避免在游戏中冲撞到他人。操场会是一个不错的选择哦!

这回舒克和贝塔算是长记性了，只要在玩游戏时和小伙伴们对安全稍加留意，就能让大家玩得更放心、更开心。

跳皮筋

皮皮鲁认为跳皮筋和踢毽子都是女孩子才玩的游戏，一点儿挑战都没有。谁知道今天他和鲁西西玩的时候，竟然不小心受了伤，到底是怎么回事呢？

游戏档案

跳皮筋

游戏人数： 2 人以上

游戏规则： 分成两组，一组的两个人撑住皮筋，另一组的人跳，两组轮流。跳皮筋的一组需要完成规定动作，如果中途跳错或者没有钩好皮筋，就换另一组跳。

好玩指数： ★★★★

好玩要点： 有很多种玩法，“跳茅坑”“四大脚”“七颠颠”等有着不同的难度系数。每组成员合作共同完成动作。

类似游戏： 踢毽子

危险系数： ★★★★

如何面对游戏时的潜在危险？

1. 跳起来崴了脚

跳皮筋的过程中，皮筋的高度会从脚踝处一直升到膝盖、腰、胸和肩头。皮筋高度越高，跳起落地的时候也越容易崴脚。跳皮筋前应该着重活动踝关节。崴脚之后，进行冷敷，并停止跳皮筋。如果造成骨折，就要及时就医了。此外，在类似的游戏踢毽子当中也很容易崴脚。

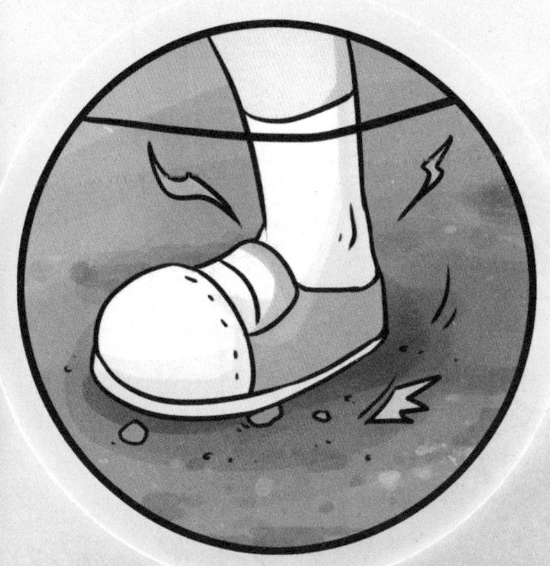

2. 手部和腿部擦伤

跳皮筋的大部分规则都要求游戏者在完成动作之后，脚部不能移动。在站不稳的情况下，特别容易跌倒在地，造成手部和腿部的擦伤。皮皮鲁这次就是栽在了这一点上。他清理了伤口后，涂抹药水消毒。鲁西西劝告他，在伤口结痂之前，千万不要随便用手触碰伤口。

3. 选好撑皮筋的地方

在凑不够游戏人数的时候，游戏者往往会把皮筋撑在某两个物体之间来游戏。粗壮的树或者稳固的杆子会是最佳的撑皮筋物体。如果把皮筋撑在了不稳固的杆子之间，游戏者非常容易在游戏过程中被歪倒的杆子砸伤。

别小看女孩子玩的游戏，也别小看玩游戏之前做准备活动，因为做了短短几分钟的准备活动，你会和不少安全问题说再见。

游戏档案

玩攀登架

游戏人数： 1 人或以上

游戏规则： 自己一个人玩时可以爬上攀登架的顶端。两个人玩时可以同时进行石头剪刀布的游戏，赢了的人则向上攀登一格。3 个人则可以使用手心手背来决定胜负。

好玩指数： ★★★

好玩要点： 在几个人共同竞技的过程中，胜负差距会非常直观，这会激发游戏者的好胜心。

类似游戏： 玩单杠、玩双杠

危险系数： ★★★★★

攀爬类游戏

我要一点一点向上爬，爬到攀登架上去瞧一瞧。大灰狼罗克陪着儿子玩攀登架，他边玩边告诉儿子，别光顾着看下面的风景，记得随时注意安全啊！

如何面对游戏时的潜在危险？

1. 登高要小心跌落

玩攀登类的游戏会比在地面玩游戏更危险一些，因为稍不留神跌落下来，就会对身体造成极大的伤害。年纪较小的游戏者建议在较矮的攀登架上玩耍，并且最好有大人陪伴。在较高的攀登架上玩耍时尤其要注意集中精神，握紧攀登架。如果万一跌落造成骨折，需马上送往医院。

2. 头部磕碰攀登架

攀登架大部分是金属材质的，玩耍时如果稍不留神就会磕碰了头部，那头上八成要鼓起一个大包来。建议在大包上进行冷敷，之后抹一些红花油等活血化瘀的药物。在消肿之前，不要反复触碰受伤的位置。

3. 攀爬时搓破手部

不断地紧紧抓住攀登架，会让手部持续经受摩擦。游戏时间长了，容易搓破手部的皮肤。这个时候，需要把伤口清理干净，抹上红药水或贴上创可贴，避免感染。

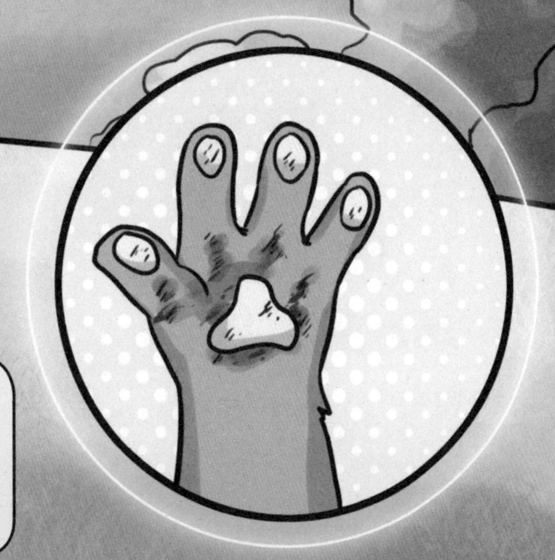

进行攀登游戏时，要选择安全稳固的攀登架，而且既要脚下踩稳了，也别忘了手里还要抓牢啊。到了高空以后可就别和小朋友们打闹玩耍了，这样高空的风景才会更美哟！

骑马打架

舒克和贝塔的旧伤好了，又开始玩新的游戏了，两个好兄弟强强联合去和伙伴们玩骑马打架。不过这回他们又受伤了，快去慰问一下他们吧！

游戏档案

骑马打架

游戏人数： 4 人或以上

游戏规则： 两个人一组，比较高大的游戏者当马，背着自己的队友。“骑马”的游戏者负责拉扯对方组“骑马”的人。谁先把对方“骑马”的人拉下来，就算获胜。

好玩指数： ★★★

好玩要点： “骑马”的人和“马”相互协作，一个人锻炼脚上功夫，一个人锻炼手上功夫。

类似游戏： 玩单杠、玩双杠

危险系数： ★★★★★

如何面对游戏时的潜在危险？

1. 摔倒导致扭伤

由于游戏规则的设定，一方从“马”上被拉下，另一方才算获胜，所以在这个游戏中游戏者会经常摔倒。为了避免摔倒扭伤，“马”和“骑马者”要充分配合，在预感即将摔倒时，“马”可以尽量放低重心，让“骑马者”有缓冲地摔倒，从而减小伤害。

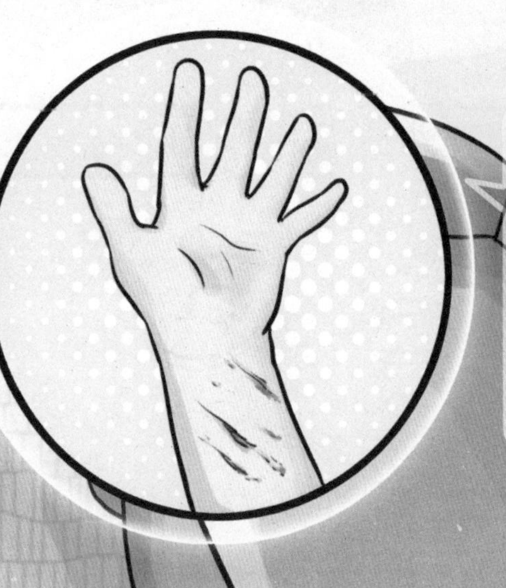

2. “打斗”中手部抓伤

在这个游戏中，“骑马者”的角色非常重要，他的手部攻击直接决定了游戏的胜负。双方“骑马者”在打斗中容易将对方抓伤，所以在开始游戏前记得检查一下你的手指甲是不是剪短了，可不要在对手身上留下“痕迹”啊！

3. “当马”的不易

当“马”的游戏者需要腰部和颈部有足够的力量，否则很难支撑住队友的体重。进行角色分配时，身材健壮的人适合来扮演这个角色。游戏时，“马”千万不要勉强自己，如果感觉自己腰部支撑不住时，要提前把队友放下来。舒克感觉体力不支的时候，没有提前暗示贝塔，于是他们俩最后落得个“鼠仰马翻”。

在松软的沙地和草坪玩骑马打架会降低危险系数。锻炼好身体，叫上一个神一样的队友，去挑战对手吧！

123木头人

“我们都是木头人，不许说话，不许动，不许走路，不许笑！”嘘，皮皮鲁和鲁西西在和罐头小人们玩 123 木头人呢！

游戏档案

123 木头人

游戏人数： 2 人或以上

游戏规则： 喊完木头人的口令之后，所有人保持静止，谁忍不住说笑或者行动，就算输。

好玩指数： ★★★

好玩要点： 充分考验游戏者的忍耐力和反应能力，其实忍住不笑才是最难的。

危险系数： ★★

如何面对游戏时的潜在危险？

1. 木头人抽筋了

开始新一轮游戏的时候，皮皮鲁突然不动了，大家奇怪，还没到说“不许动”的时候呢！原来长时间地保持一个姿势不动，皮皮鲁抽筋了。鲁西西给皮皮鲁按摩抽筋的部位，舒展、拉伸抽筋部位的肌肉，用热毛巾敷一下。很快，皮皮鲁不是“木头人”了。

2. 摔倒的木头人

喊口令的节奏会时快时慢，这导致游戏者有可能会突然性地原地定住。重心不稳的话，难免会摔倒在地。摔倒后如果非常疼痛的话，就别顾着扮演木头人了，赶紧看看伤势如何吧！玩这个游戏的时候，要随时注意口令的变化，提前做好原地定住的准备，才能避免摔倒。

“木头人”游戏结束！好了，可以说话啦！只剩一句了，那就是：“我们都是能安全游戏的小孩儿，少受伤，多欢乐！”

棋牌游戏

受伤不断的舒克、贝塔只能在家静养，玩点儿什么呢？玩棋牌类游戏总不会受伤了吧？答案是：“不见得啊！谁让你们是具有破坏性的舒克和贝塔呢！”

如何面对游戏的潜在危险？

纸牌划伤手

舒克和贝塔买了一副新的扑克牌玩“争上游”，新牌的边缘非常锋利，一下子划伤了舒克的手。贝塔一边说着：“这样也能受伤啊！”一边拿来创可贴贴在了舒克的伤口上。这里要提醒大家了，玩新牌的时候要特别注意不要用手快速地摩擦牌的边缘。

游戏档案

争上游

游戏人数： 2 人或以上

游戏规则： 利用顺牌、对牌等形式，想办法将自己手里的牌尽快打出去，谁先把牌出完，谁就获胜。

好玩指数： ★★★★

好玩要点： 这是脑力的比拼，出牌的同时，对对方手里的牌进行预测。通过分析，取得最终胜利。

类似游戏： 捉黑 A、升级

危险系数： ★

如何面对游戏时的潜在危险？

不小心误食棋子

贝塔的四颗飞行棋都到了终点，等着舒克完成游戏的他无聊至极，于是拿起棋子就往嘴里放，一不小心把棋子吞了下去。如果棋子进入胃肠，一般两三天内会随大便排出，如果还未排出，应该及时就医。

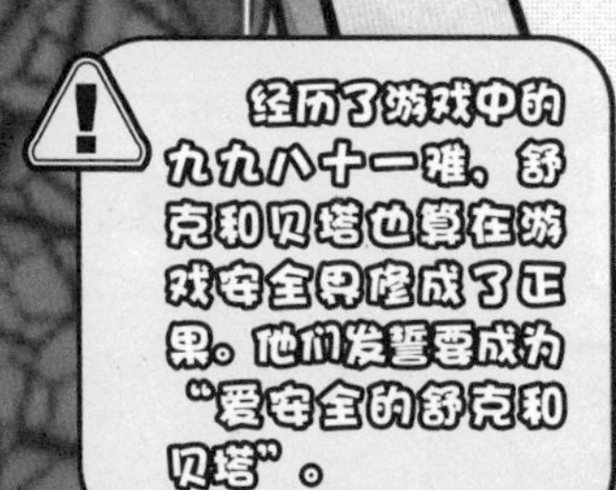

游戏档案

飞行棋

游戏人数： 2～4 人

游戏规则： 转动骰子，谁先让自己的四颗飞行棋走到终点，谁就获得胜利。当自己的两颗飞行棋走到同一格时，可以摞在一起走。

好玩指数： ★★★★

好玩要点： 靠运气的同时，也要靠战略战术。选择走自己四颗飞行棋当中的哪一颗尤为关键。

类似游戏： 跳棋

危险系数： ★

远离精神病患者

你遇到过精神病患者吗？如果真遇到了，你会好奇地盯着他看，还是远远地躲开呢？

路遇精神病患者

这个人怎么了？一边走路一边自言自语，还时不时地瞥路人几眼。他是不是有精神病？

安全做法：病情严重的精神病患者，精神状态脱离了现实，所以他们看上去眼神、动作都与正常人不同，比如神情恍惚、长时间重复同一个动作或嘟嘟囔囔、自言自语等。

鲁西西密语：病情较轻的精神病患者，平时看着与正常人没什么两样，但遇到刺激会突然发病。

冷静镇定想办法

陌生人："让你欺负我的猫！今天决不饶你！"

鲁西西："我最爱猫了，怎么会……"

安全做法：判断你可能受到攻击的身体部位，马上用书包或随身物品做保护，起身逃离。

皮皮鲁的妙计：遇到这种比较危险的情况时，不要与他辩论或纠缠，更不要试图说服他，最要紧的是保护自己不受伤，快快离开。

真诚道歉迅速离开

糟糕，踢球突然撞上了精神病患者。这时候该说什么，做什么？

安全做法：真诚地道歉，然后说声再见，带着你的球马上离开。

鲁西西密语：不管是谁，你向他示弱，气氛马上就会缓和。即使对方向你瞪眼睛或挥拳头，也会有片刻的犹豫。

每个人都需要尊重

有时，精神病患者会深陷在自己的世界里，他的动作在你看来很好笑。你会嘲笑他吗？

安全做法：用一颗平常心看待这件事，不嘲笑、不围观，更不攻击他们。

亚旗告诉你：精神病患者是特殊的病人，我们要尊重他们，就像尊重其他人一样。精神病患者有时会做出令人意想不到的事情，所以要与他们保持距离。

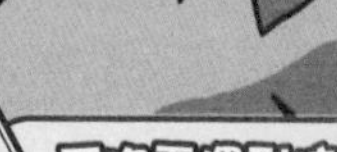

下次再遇到这类特殊的病人，相信你一定知道该怎么做了吧！

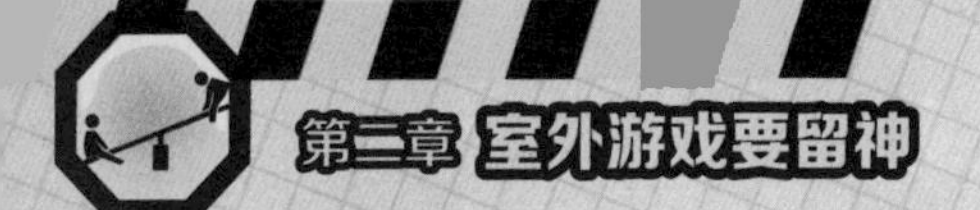

不当狙击手

男孩子最爱的一项运动形式，就是比赛谁能扔得高、投得远。瞄准，发力，走你！

教室、楼道等空间狭小、人员密集的场所，不适合玩丢沙包等投掷游戏。

皮皮鲁的妙计： 如果你是个丢沙包迷，偏爱这项运动，那就到操场、空旷的广场上吧。

投掷易伤人

除了在体育比赛中投掷铅球，平常尽量不做投掷游戏，尤其不要投掷石子等坚硬的物品，因为它的伤人指数非常高，会危及别人的安全。

鲁西西密语： 做投掷的动作时，如果用力过猛，胳膊还有可能脱臼哟！

不管投出的是沙包还是石子，都有可能砸到花花草草，甚至会落到别人的头上、身上。

若被投掷物击中，立即检查受伤部位，看看伤势有多严重。如果流血了，马上用手指按住出血部位，并用干净的纱布勒紧，随后立即送医院治疗。

皮皮鲁的妙计： 一下子找不到纱布怎么办？可以从衣服上撕下一块干净的布代替。在送医院之前，一定要想办法止血。

力度惊人不可小视

嗖

等于

同样的道理，你投掷出去的沙包或石子，砸到别人身上时，力度就增大了好几倍。所以，别朝着人投掷物品，避免伤及别人。

亚旗告诉你： 如果你看到有人正在投掷，要离他远一点儿。不仅要避开他投掷的方向，还要远离他的周围，没准儿一不小心投掷物就冲你飞过来了。

除了投掷，还有更多更安全的运动，同样能让你玩得酣畅淋漓哟！

徒手玩游戏

在室外，没有空间的束缚，能玩的游戏太多了。来吧，不需要玩具，我们同样能 happy 到底！

我藏你找躲猫猫

“藏好了吗？”“好了，来找我吧！”不论你是藏的人，还是找的人，都能从中获得乐趣。

安全做法：找地方藏的时候，不要爬太高，或者钻进不明的坑洞。

亚旗告诉你：如果你藏得太隐蔽了，过了好长时间小伙伴们都没能找到你，你要及时走出来，寻找大家。

路边打闹有危险

“你来打我呀，来呀！”“谁怕谁呀，看我的！”不少小朋友觉得边走边玩才有意思。你是这样认为的吗？

安全隐患：在马路上这样做很危险，身边有川流不息的车辆，如果你一个突然转身，很可能会撞到车上。

鲁西西密语：专心、安静地走路，或在安全的地方跳跃玩耍，都是安全的，但是别把这两件事混在一起做。

今天我是警察叔叔

你喜欢和小伙伴一起玩警察与小偷的游戏吗？角色扮演让你体验不同的职业。

安全做法：如果你扮演的是警察，别对“小偷”下手太重；如果你扮演的是厨师，“做饭”时别真的点火；如果你扮演的是被植物打的僵尸，要及时躲避“植物”投来的武器。

亚旗告诉你：角色扮演中有正面人物和反面人物之分，也会有各种冲突。切记别玩得太投入，小心受伤。

马蜂不是好惹的

“看，那儿有个马蜂窝，谁敢去捅，谁就最勇敢！”面对同伴的挑战，你跃跃欲试。

安全做法：马蜂飞的速度远胜过你跑步的速度；马蜂的毒针扎进你的皮肤，立刻就会肿起一片。所以，别捅马蜂窝是最明智的。

皮皮鲁妙计：很多昆虫都有特殊的自护本领，不要轻易招惹它们哟！

在徒手的室外游戏中，我们得到了充分的运动，不仅强身健体，还能呼吸新鲜空气呢！

舒克 舌战PK 贝塔

户外游戏好还是室内游戏好？

正方——舒克：户外游戏好

反方——贝塔：室内游戏好

你喜欢跟小伙伴相约去户外玩耍，还是跟同学一起在室内玩拼图？有人觉得户外运动更健康，但也有人觉得在户外玩耍隐藏着各种危机。到底去户外玩耍还是在室内游戏是呢？双方辩友已经迫不及待地想上场一较高下了！

主持人：郑渊洁

ROUND 1

我方认为户外游戏好。天天上学在教室里吃粉笔末儿，回家也是关在“鸟笼”里。我们需要去户外尽情地玩耍，这样才有利于身心的健康。

我反对你的观点。现在教室都用无尘粉笔，哪里来的粉笔末儿？而且在户外玩危机重重，可能会因为拥挤、碰撞、设施不安全等引发意外安全事故。这不仅让家长担心，而且对自身的安全也没有保证。相反，在室内游戏就安全多了！

ROUND2

户外是一个开阔的天地，可以让我们更好地呼吸新鲜空气，亲近大自然。多做户外游戏，不仅可以增加我们的运动量，让身体更强壮，还能激发我们的想象力和创造力。所以应该多去户外游戏，不要老闷在室内，那样容易缺氧！

户外游戏隐藏着太多的未知危险。前段时间就有新闻报道，两个未成年人在户外玩耍，被陌生人绑架了。比起这样的危险，室内游戏就安全多了，而且有很多游戏项目可以供我们选择，既安全又精彩，一点儿也不比户外游戏差。

ROUND3

对方辩友这样的说法，我完全不同意。说起精彩，和朋友在室外一起探险的感觉你在室内能体会得到吗？而且室内游戏也不见得安全，你随手拿起的铅笔、妈妈织毛衣的针，还有厨房的电器等等，都可能成为你玩耍过程中的“凶器”，一不小心会危及性命呢。

对方辩友所说的这些危险发生的几率都是微乎其微的。在室内可以跟朋友做一些有益身心的活动，而且很多户外运动在室内也可以进行，比如室内足球、集体兔子舞等等，这些游戏不仅相对安全，还可以增进朋友之间的友谊，何乐而不为呢？

双方辩论得很精彩！不管是户外游戏还是室内游戏，安全始终是第一位的，不要因为玩耍而忽略了安全。

在享受欢乐假期的同时，也需要安全如影随形，不要让原本的欢乐变成悲剧。

险区域
止通行
危险区域
禁止通行
危险区域
禁止通行
危险区域
禁止通行

区域
通行
危险区域
禁止通行
危险区域
禁止通行
危险区域
禁止通行

快起来，一起准备新年啊！

准备新年是大人的事，你们小孩儿能干什么啊？

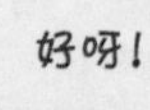

过节了你们都不互赠卡片吗？真没诚意。
现在不流行送卡片了，亲口问候不是更有诚意吗？
没错！我们打电话吧！
打电话只能听到声音不能看到影像，我们来跟他们视频吧。
祝你们新年快乐！
皮皮鲁新年快乐！鲁西西新年快乐！
你们知道“年”的由来吗？
我知道！“年”是传说中的一种怪兽，传说它每年的除夕都会出现，伤害人畜。
“年”长什么样？
就长这样……
呜呵！
贝塔不要胡闹。
是我啦！看你们吓的！哈哈哈……
为了驱赶“年”，人们会在新年燃放鞭炮吓走它！

噼里啪啦！
不能在室内燃放鞭炮！
啪啪啪!!
啪!
噼里!!
啪!
哇哇哇！别往我身上扔鞭炮，这太危险了！
哈哈哈……
原来是电子鞭炮啊，吓死我了……
别胡闹了，走，咱们出去放烟花去！
超大烟花
我的天啊！这么大的烟花，你是想把居民楼给炸上天吗？！
好吧。
咱们在居民区，不能燃放这么大的爆竹烟花。还是放普通的爆竹吧。
小孩子不能自己点爆竹，我们在旁边看着好了。
我要放！我要放！
不就放个烟花嘛！怎么这么麻烦！
先别点，烟花爆竹放在地上要加固。
一切行为要安全至上！

给你们看看
我罗克特制
的新年烟花！
真好看！

看！有字！
新年快乐
嘿嘿，我是
天才狼！
罗克，你还会
做带字的烟火，
你真厉害！
哈哈，也有我们
小孩儿能拿在手里
玩的烟花。
但是得大
人帮你们
点燃。

啊啊啊！
贝塔，你的帽子
冒烟了！
砰！
啪啪啪!!
呜呜呜，
我的帽子。
即使是小孩儿能拿在
手里玩的烟花也
不能对着别人放！
我们知道错了。

吃年夜饭咯！

老郑，你回来啦！
呀！吃饭啦！

这可真是丰盛的年夜饭啊！
看电视里正在播放春节联欢晚会。

我最喜欢这个歌手了。

你想跟你喜欢的演员同台演节目吗？我新发明的“投入遥控器”，按“投入”键你就可以进到电视里了。
真的？！

我们也要去！

嘿嘿，一大桌好吃的
都是我的啦！
投入

你们是谁？

我们是
一起来跟
大家欢度
春节的！
欢迎！

今年的舞台
效果可真牛！

差不多该让他们回来了，否则观众会厌烦这个节目的，哈哈……

真过瘾！

啊！饭菜都没了！

嗝！不好，我想我消化不良了……
你吃太多了，哈哈！

我们来跟读者们拜年吧！

祝大家新年快乐，安全过好每一天！

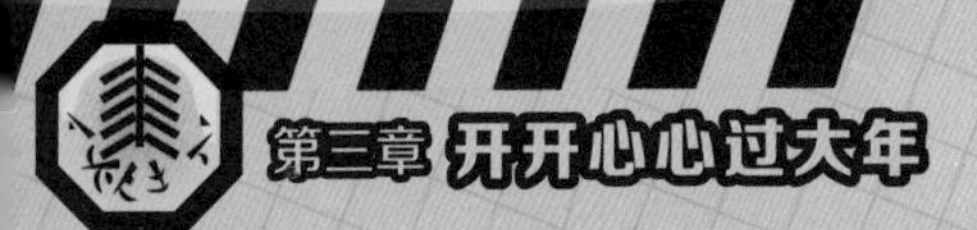

砰砰啪啪真热闹

过新年，放花炮，噼里啪啦真热闹。各种各样的花炮看得人眼花缭乱，尽情玩耍也要有节制，安全意识一刻也不能丢。

响声震天型

典型代表：二踢脚、地雷炮、大地红
突出特点：震耳欲聋、天崩地裂
危险指数：☠☠☠☠☠

危险玩法：

将鞭炮放入易碎容器中，爆炸后会将容器炸碎，碎片向四面八方射出，极易伤人。如果玻璃碎片崩入眼睛，有可能导致失明。由于下水道里弥漫着沼气等易燃气体，当气体浓度达到一定程度，遇到明火会快速膨胀发生爆炸，威力非常强大，可以掀开井盖、灼伤皮肤、炸伤眼睛。垃圾桶、厕所也是容易产生沼气的地方，不要到处扔鞭炮，要到空旷、人少的地方燃放。

可爱好玩型

典型代表：小蝴蝶、小砂炮、电光花
突出特点：造型小巧可爱、小小孩的最爱
危险指数：☠☠☠

危险玩法：

把擦炮朝同伴甩出去会吓到对方，爆炸后还会使同伴受伤。手拿着“小蝴蝶”类的爆竹燃放，可能在手中爆炸。如果扔向人群，爆竹炸开，后果不堪设想。手拿着爆竹追逐嬉闹，爆竹的火星容易溅到伙伴身上，把衣服引燃。

火光喷射型

典型代表：火箭探索者、变色响彩珠
突出特点：既有响声听又有烟花看，视觉和听觉同时震撼
危险指数：☠☠☠☠

危险玩法：

将鞭炮埋入雪、沙或土中燃放，引线在缺氧的状态下，容易出现熄灭或燃烧缓慢的情况。这时如果燃放者上前查看，鞭炮被翻动出来遇氧气后会快速燃烧，喷射到燃放者身上，酿成惨剧。

天女散花型

典型代表： 春花怒放、流光溢彩

突出特点： 光焰夺目、场面盛大，可谓是火树银花不夜天

危险指数： ☠☠☠☠☠

危险玩法：

五彩缤纷的烟花可真漂亮，小伙伴们最爱凑到跟前去观赏。可是大规模的烟花燃放，有很大的危险性，尤其是当大火花突然间从天而降，那可真是灾难临头啊。建议大家还是只可远观而不可近玩。

紧急处理

1 如果发生焰火烧伤，要迅速脱掉着火的衣服，离开现场，到有水源的地方用水冲洗，可以防止烧伤面积扩大。如果穿的衣服很紧，就穿着衣服洗冷水浴。如果火小，也可以就地打滚，压灭火苗。

2 如果是头部烧伤，可取冰箱中冷冻室内的冰块，用打湿的干净毛巾包住冷敷。不要去涂酱油、烟丝或油膏等，容易引起细菌感染。如果面部被炸伤，皮肤上有烧伤，耳朵被震伤等情况，应该及时去医院检查。

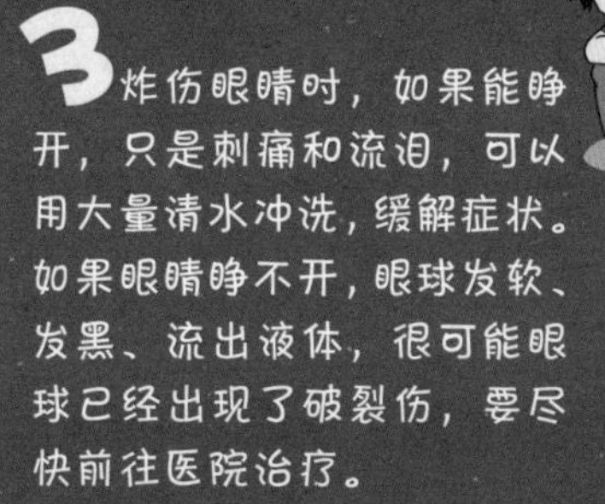

3 炸伤眼睛时，如果能睁开，只是刺痛和流泪，可以用大量清水冲洗，缓解症状。如果眼睛睁不开，眼球发软、发黑、流出液体，很可能眼球已经出现了破裂伤，要尽快前往医院治疗。

4 如果手部或足部被炸伤流血，要迅速用双手卡住出血部位的上方，敷上云南白药粉等止血药止血。如果出血不止，应用橡皮带或粗布带扎住出血部位的上方，送医院清创处理。

安全过节记心间

每一个节日，都有它独特的含义。因此，人们用不同的形式来庆祝。

元旦

每年的一月一日是元旦。这一天，是公历新的一年的开始，世界各地都在欢庆。在中国，以敲锣打鼓、集体聚会、表演节目为主要的庆祝方式。

安全隐患：集体聚会一般会选择礼堂、电影院等比较大的场馆，这时候很容易发生拥挤踩踏事故。

皮皮鲁知道： 参加大型的集体活动时，不争不抢，与走在自己前后的人保持距离。

春节

每年的农历正月初一是春节。学校和很多工作单位都放假，大家通过家庭聚会、燃放烟花爆竹等多种方式来庆祝。

安全隐患：烟花爆竹和暴饮暴食是春节期间最大的安全隐患。

鲁西西知道： 儿童燃放烟花爆竹，身边一定要有成人的陪伴，选择空旷地燃放，不能对着人。暴饮暴食会损害你的身体健康，严重增加肠胃负担。过节也要注意保持饮食均衡呀。

元宵节

农历正月十五是元宵节。这一天的习俗是闹花灯、猜灯谜、吃元宵。

安全隐患：花灯虽美，更要注意不要发生火灾。

皮皮鲁密语： 现在花灯中大多使用的是电灯泡。用很多电线扯着各式各样的小灯泡，一不小心短路了就会着火。记得一边猜灯谜，一边留意安全哦。

清明节

清明节是中国最重要的祭祀节日之一，一般在公历四月五日前后。从清明节的前几天开始，人们纷纷去扫墓，祭奠逝去的亲人。

安全隐患：扫墓时，很多人会焚烧纸钱，遇到有风的天气，很容易引起火灾。

舒克告诉你： 文明扫墓，怀念亲人的心思不一定要通过焚烧纸钱来传达，一束鲜花、一杯美酒等都能代表你的心意。

端午节

每年农历五月初五是端午节。端午节的习俗是吃粽子、赛龙舟、挂草药。

安全隐患： 龙舟狭长，上面坐满了划船的人。比赛一开始，大家奋力划船，争先恐后。在比赛中，如果发生两船相撞，就会造成人仰船翻了。

罗克知道： 遵循安全第一、比赛第二的原则，遇到险情要首先做出避让，保护船上人员的安全才最重要。

中秋节

农历的八月十五是中秋节。欣赏明月，品尝月饼，都是中秋节必做的事情。

安全隐患： 很多厂家提前铆足了劲儿，生产了大量的月饼，供人们选购。但是注意了，有些月饼并不是正规厂家生产的，产自小作坊的月饼往往细菌含量超标。

鲁西西告诉你： 选购食品时要看好生产厂家、成分和保质期，只购买正规可信的厂家生产的食品，而且要在保质期内，添加剂的使用符合国家标准。

重阳节

农历九月初九是重阳节。这一天的习俗是登高远眺、插茱萸、赏菊花。

安全隐患： 金秋时节，秋高气爽，这时爬山、登高能起到锻炼身体的作用。不过，在登山时要注意脚下，别崴了脚或发生滑落意外。

皮皮鲁知道： 登山时最好结伴而行，不要独自行动，更不要冒险去走不熟悉的线路。

儿童节

六月一日是国际儿童节。庆祝的方式一般是家长赠送礼物，并带着孩子到游乐场游玩，吃顿大餐。

安全隐患： 游乐场中很多刺激的游戏危险指数也较高，比如坐过山车时一定要系牢安全带，在上面不做站起来或其他的剧烈运动。

贝塔知道： 不管玩什么游乐设施，都要严格遵守规则，可不能因为自己的大意造成追悔莫及的后果啊。

用安全的形式庆祝节日，才能确保节日的欢乐与祥和！

注意，有陷阱！

过节期间，家里总要准备很多东西，大人忙着购物，孩子兴奋过头。

“老板，给我称称这条有多重。”皮皮鲁的爸爸看中了一条大鲤鱼。

“好嘞！2 斤 8 两！”卖鱼的老板边称边说。

“我看着也就 2 斤吧？”爸爸心生疑惑，他掀起电子秤一看，下面居然藏了个吸铁石！

亚旗提醒：在零售市场中买卖时，有些自作聪明的商贩会在秤上动手脚，所以购物的时候多长一个心眼儿，别被人缺斤短两糊弄了。

嘀嘀，有短信息。啊！天哪，我中了一辆宝马轿车！只需要汇 200 块钱，我就能得到一辆宝马！赶紧去银行。

亚旗提醒：天上掉馅饼的美事突然降临到你头上，要冷静想一想，这是真的吗？会不会是骗子？这种中奖短信息，只要是让你汇款的，百分百是骗局，千万别贪便宜！

安全科普
特价
消费欺诈
某商场的一个柜台前，醒目的大标签上写着：全场3折。鲁西西的妈妈好兴奋啊，可是她无意中发现了秘密：有件衣服的价签有修改的痕迹。原来是299元，被改成了899元。这样的折后价几乎是修改前的原价了。
亚旗提醒：过节期间商场、超市最爱打出打折或返券的招牌吸引顾客。面对各种优惠，可别头脑一热狂买一通。先仔细观察，有没有商户趁机做出欺诈行为呢？只有商家真正地优惠，我们才能得到实惠。
改过
诱骗拐卖
“我是你爸爸的同学，他让我来接你去我家参加聚会，跟我走吧！”一个陌生的叔叔对皮皮鲁说。嗯？爸爸没跟我说他去参加同学聚会呀！给爸爸打个电话问一问。咦？这人怎么躲躲闪闪地离开了？一定是拐卖小孩儿的人贩子！
亚旗提醒：趁着过节期间大人的聚会多多，一些人贩子常出来专门骗小孩儿，拐卖到很远的地方。所以，遇到陌生人提出带你走的要求，一定不要跟着走，先远离陌生人，然后马上向爸爸妈妈询问、核实。
祝愿你和你的家人度过每一个祥和安全的节日！

小谜题
你能在画面中找到舒克和贝塔吗？
福
福
青年路
过年咯！
欢欢喜喜过大年，在过节的时候，你最喜欢玩什么呢？玩什么都要注意安全，不要让原本的欢乐因为安全问题变成悲伤。图中有几处安全隐患，你能找到吗？

福
爆
烟花 爆竹
爆

危险区域
禁止通行
来到陌生的地方游玩，你准备好安全锦囊了吗？千万不要玩得忘乎所以了！

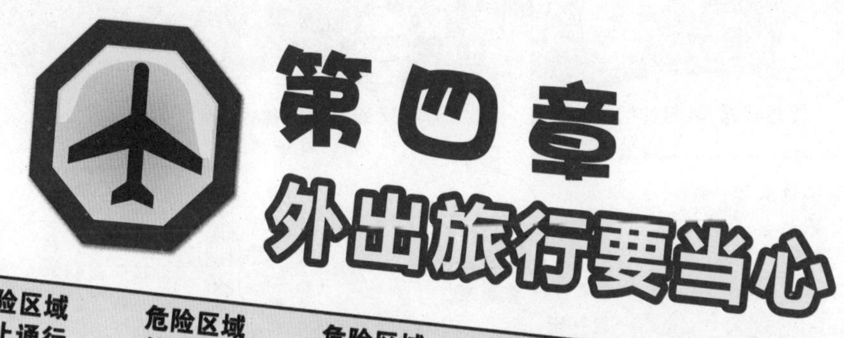
第四章
外出旅行要当心

皮皮鲁
送你100条命

去罗克的家乡

哇！
爸爸妈妈，我想你们了。
我们也很想你呀，儿子！
不要随便吓狼！狼也会害怕的！
罗克，既然你想家了，就回家去看看呗。
我开玩笑啦。
嗯，这个主意不错，我好久没回老家了。
我也要去！我也要去！

我们一起去罗克的老家旅游！快去收拾行李吧！
你们要去哪儿？
别擅自决定！我还没答应呢！
出远门一定要带好换洗的衣物和身份证件。
还一定要提前查阅去那里的注意事项。

哇！原来罗克的家在草原上！那里是半干旱至干旱的大陆性气候。草原上有很多的牧民、牛羊还有其他野生动物……
啊！罗克的家乡盛产奶酪，我要吃很多很多奶酪！
记得多带几瓶水，途中可没有自来水，还有应急药品。

别怪我没提醒你们——草原上比较冷，记得多穿衣服。带上指南针和地图，草原上容易辨不清方向。
是！队长！

原来草原上也有这么热闹的集市！
我们先在这里逛逛集市，然后再出发去我家。
我要去找好吃的奶酪！

等等！为了防止走散，我们要事先约好集合点！
哎呀，不会走散的！再说我们都带着手机呢！
亚旗说得对，我们要做好可能会走散的准备。
保护好随身财物，旅行途中有遇到小偷、强盗的可能。
甲甲旅馆
如果不小心走散，我们就在这个甲甲旅馆门口集合。
好的！
真啰嗦。

这个多少钱？
哇！这么多奶酪！看上去都非常好吃！这个不错，这个也不错……

贝塔不要走远！

小朋友，来占卜吧。
占卜是什么？
占卜可以预知未来，你想知道什么我都可以告诉你。
我才不相信呢，你一定是骗人的。
不信你可以试试。你只要把头伸向这里，想知道什么都可以看见。
真的吗？
虽然知道可能是骗局，可是我真是忍不住自己的好奇心呀。好想知道这个黑布口袋里有什么……

放我出去！
嘿嘿，这小子一定能卖个好价钱！
浑蛋！早知道是坏人的诡计，就不会这么好奇了。舒克！亚旗！救我！
有了，打手机叫他们！
糟糕！手机不见了！
此时其他3个人发现贝塔不见了。
没事，我们不是约好了走散后集合的安全点吗？他玩够了一定会去甲甲旅馆跟我们会合的。
这个丢三落四的家伙！
这个贝塔！不知道跑哪儿去了！
咦，这不是贝塔的手机嘛！
我去找贝塔吧，我对这里比较熟悉。你们也是小孩儿，不要贸然去找同伴，你们要是都丢了就糟了。
好吧。我和亚旗去旅馆门口等，见到贝塔联系你！
我先报警。
我们回甲甲旅馆门口去等贝塔吧！
我不放心，我打算在集市上找找他。
贝塔也有遇险的可能，我觉得应该先报警。

哎哟！

都把我
摔疼了！
这些坏蛋。

太好了！
有工具！

嘿嘿，
什么都
难不倒我！

我这是被
带到哪儿
来了？！

那小子
跑了！
快追！
罗克！有
坏人追我！

原来是这两个一直被通缉的坏蛋！看我抓住他们！
看我新发明的电网枪。
刚刚我们接到了寻找你的小伙伴的报案。
谢谢你们帮我们抓住了拐卖儿童的坏人！我送你们去跟小伙伴会合吧！
太好了！谢谢警察叔叔！
你是怎么找到我的？
我就知道你们几个小鬼可能会走丢。为防万一，我在你们每个人身上都贴了我自己做的追踪器。
甲甲旅馆
对不起，我让大家担心了。我再也不随便乱跑了。

啊！

怎么了？

我买的奶酪全都不见了。

好多羊啊！

呜哇！这个太好玩啦！

在别人的地盘参观要安静，别打扰当地人的生活！

对不起。

叔叔好！
阿姨好！
你们好！
咦？罗克哪儿去了？
哇！酥油茶真好喝！
奶酪太好吃了！
我来给你们跳一段民族舞吧！
这次旅行真是太开心了！
……如果不是你走丢了的话。
我以后一定会注意啦！

放假去哪儿

假期里不需要每天上课，终于可以迈开步子走出去了！你会去哪里呢？去乡村的爷爷奶奶家，还是报个旅行团游游逛逛？在你迈出脚步的时候，要记得保护好自己哟！

回到家乡

做足准备：带上足够的衣物，防寒保暖；带上照相机，拍下乡村美景，与朋友分享；带上防止蚊虫叮咬的花露水、风油精等。

遍地都是好玩的：农间田埂上丰收的粮食、哞哞叫的大水牛、池塘里游来游去的鱼群……这些都深深地吸引着你，太好玩了。

保护好自己：去农田帮爷爷奶奶干活时，如果被田里的小虫子咬伤，要立即就医。甩着尾巴的大水牛看上去憨厚温顺，可生气时会攻击你。别羡慕鱼儿们游得自由自在，你要是贸然跳进池塘可是在拿生命开玩笑。小河上虽然结了冰，但不要把它当作溜冰场，谁知道冰面是不是牢固呢？

如果有些事情你拿不准是否安全，不知道能不能做，别贸然行动，可以询问当地朋友或请教大人。

游历四方

做足准备：提前查询目的地的天气，准备好适合温度的衣物；购买当地的地图，或在手机上安装电子地图；带上学生证或身份证；带上常用药品；穿宽松的衣服和旅游鞋；自备防晒和洗漱用品；别针、手电筒、雨伞、纸巾等常备用品要带全。

保护好自己：乘坐交通工具时，有很多需要注意的安全事项，如候车时站在安全线以外；在车上不打闹，系好安全带，不把身体任何部分探出窗外，小心热水烫伤；不吃陌生人的食物；在飞机上关闭随身携带的电子产品等等。在假期往往游客很多，这时要和大人拉着手，防止走散。乘坐缆车时要保持安静，别晃动。

提前做好功课，不要做违反当地风俗习惯的事情。

在易发生海啸、台风的地方旅游时，首先要掌握逃生技巧。

走出国门

做足准备：办好护照，携带通用的国际信用卡，在行李箱上写明你的姓名及联系方式。明确行程，记住旅行社联络人的信息。如果是自助游，要提前查好将要入住的宾馆。如果你将要去的地方偏远，记得申请健康证并接受有关的预防接种。自带随身使用的小物品，因为它们可能在当地不方便购买。

有什么好玩的：身处异国他乡亲身体验异国风情，尝尝别样美食！

保护好自己：在人生地不熟的国外，如果你总是单独行动，很易走失。与旅行团的人和谐相处，不透露你的个人信息。不要太晚回宾馆，休息之前锁好房门。

野外露营

做足准备： 准备好登山专用的装备。携带急救用品，带足够的食物和水。带上手电筒、指南针等工具。提前选择安全的登山路线，查询是否有雨雪等恶劣天气。

有什么好玩的： 攀爬和长途步行都是对身体极限的挑战。游玩过程中你能看到山林中特有的树木花鸟等动植物，体验大自然的魅力。在野外露营能让你感觉贴近大自然，还能锻炼你的野外生活自理能力。

保护好自己： 爬山时跟紧大家别掉队，更不要去险恶的地形冒险。遇到河流阻挡时，不要贸然前进，最好换成其他的线路。见到野生蘑菇，可别嘴馋，小心有毒！遇到野生动物时，不要招惹，安静地离开。拍照注意脚下，小心悬崖！露营时要选安全的地点，注意保暖别着凉。用篝火烤肉真香，不过一定要烤熟再吃！

如果在登山时崴了脚，先用绷带固定，防止伤势加重。如果皮肤擦伤，尽快清洗，然后用创可贴或纱布保护创面。回家后立即去医院检查。

聚会PARTY

做足准备：带上你准备的食物和准备好的礼物。如果是化装舞会，你还要把自己装扮成你想要的样子哟！

有什么好玩的：每个人带来的食物都是那么与众不同；每个人送给你的礼物，都给你带来惊喜。一起打游戏、看电视，体会与朋友在一起的开心时光。

保护好自己：如果是家庭聚会，不要像大人那样抽烟、喝酒、赌博；控制饮食，不暴饮暴食；控制上网玩游戏的时间，保护好眼睛。如果是同学、朋友间的聚会，气氛会非常轻松活跃，但记住，不玩过激的游戏，不打架斗殴，不吸毒。如果有别人引诱你，要马上远离他。

好奇害死猫

“那儿我从来没去过，大人拦着不让去，好神秘啊！”你是不是也有这样的体会？越不让做的事情，越想试一试。这就是好奇心在作怪。

零食不可挡

常吃零食名单：薯片、果冻、锅巴、饼干、棒棒糖、甜甜圈、巧克力……

闭上你的嘴：光看这些名字，你是不是就要流口水了？可是，手上怎么出现了各种颜色？肯定是刚才吃巧克力豆时，上面的颜色留在了手上。看着你五颜六色的手指，还敢继续吃吗？

小孩儿喜欢亮丽的色彩，加点色素吧；为了延长保质期，加点防腐剂吧；为了闻着更香，放点香精吧！就这样，生产厂家在零食的制作过程中，添加了很多对健康和营养没有任何好处的配料。你在吃零食的同时，实际上是在吃各种化学添加剂啊！

即使主人经常给宠物洗澡，但它的身上也会有寄生虫。这些寄生虫如果跑到人身上，可能会引起皮肤过敏发炎！在你亲近小动物的时候，如果被它咬伤那就更惨了，需要赶紧去医院打针。所以，看见可爱的小动物，站在远处欣赏就可以了。

超萌小动物

可爱动物秀场：松鼠、兔子、小乌龟、宠物狗、猫咪、鹦鹉……

别轻易摸我：邻居家的宠物小狗好可爱呀，还穿着漂亮的狗衣服。好想抱抱它，亲亲它！可是妈妈不让我这么做。

新奇诱惑大

新奇排行榜： 新的网络游戏、新玩具、新结识的网友……

管住你的手： 当你正在上网时，突然屏幕上弹出一个窗口，说某某网站新推出了一款游戏。这时你会点进去玩吗？在大卖场遇见没玩过的新玩具，还能弹出个怪物吓唬人，你是不是很想买？QQ聊天时加你为好友的陌生人，约你见面，你想去吗？

网络游戏不是每一款都适合儿童。不要轻易相信在网络上认识的陌生人，不透露你的个人信息，更不要相约见面。玩一种新玩具时，多看看说明书，小心别被碰伤或夹手。

神秘挡不住

神秘的诱惑： 深邃的洞穴、荒野的树林、爸妈不让去的小河边……都像是披上了一层神秘的面纱。

你有多好奇： “不能去那条小河边，不能去山后面的树洞……”爸爸妈妈的嘱咐，你听来好不耐烦：为什么不能去？偏要去看看。一步，两步……离河水越来越近，突然脚下一软，半条腿陷了进去，救命啊！

遇到特别神秘的地方，不妨说服爸爸妈妈一起去探险，做好充分的准备，小心观察。如果大人阻止你去，那是因为他们不想让你遭遇危险。

舌尖上的陷阱

如今最流行的就是美食之旅啦！如果不能吃到最新鲜最特别最惊世骇俗的美食，又哪有动力不远万里跋涉去他乡呢？

目的地：日本

美食：刺身

美味指数：★★★

所有鲜美的鱼肉都是生的！这可是真正的生猛海鲜哟！美观的菜肴让你爱不释"口"！

危险指数：★★★

肠胃不好的人还是远离吧！有些鱼肉里含有病菌，吃下去可是后患无穷啊！

目的地：日本

美食：河豚

美味指数：★★★★

若不是味道十分鲜美，也不会有那么多人甘愿以身试险！

危险指数：★★★★★

人食入河豚毒素 0.5～3mg 就能致死！

目的地：法国

美食：鹅肝酱

美味指数：★★★★★

鹅肝酱口感浓香醇厚，是法国的著名菜式。欧洲人把它与鱼子酱、松露并列为"世界三大珍馐"。

危险指数：★★

由于市场的急切需求，有的法国人用混合了小麦、玉米、脂肪、盐的饲料来进行 4 个星期的强化喂养，使鹅"肝病变"。如果吃了得了肝病的鹅肝，我们的健康会不会受影响？

说了这么多，还让不让人吃啊？！别着急，让吃让吃！既然已经认清了陷阱，行路就方便多了！认真挑选，绕过陷阱，美食还是你的！快，让它们到你的碗里来！

目的地：中国青海

美食：野蘑菇

美味指数：★★★

边游玩边采摘野生蘑菇，煮食自己的劳动果实，是多么潇洒惬意的事情啊！

危险指数：★★★

越漂亮的蘑菇越有毒的风险越高！如果你不懂得辨别，还是欣赏一下就算了，碰都别碰！

目的地：南非

美食：生蚝

美味指数：★★★★

生蚝的美味在其鲜，加上营养丰富，是很多人的心头所爱！

危险指数：★★

为了保持味道鲜美，很多生蚝都是在半生半熟的状态下被端上餐桌的，会存有许多细菌和寄生虫，吃下肚后轻则上吐下泻，重则食物中毒！

目的地：中国四川

美食：火锅

美味指数：★★★★★

火锅的美妙之处无需解释！在我国，火锅是一年四季居家旅行必备美食！

危险指数：★★

过重的麻辣佐料会对胃黏膜造成损伤，更重要的是，在食品安全监管不完善的今天，罂粟壳！石蜡！亚硝酸盐超标！火锅爆炸！处处都是陷阱啊！火锅虽美味，品尝要谨慎！

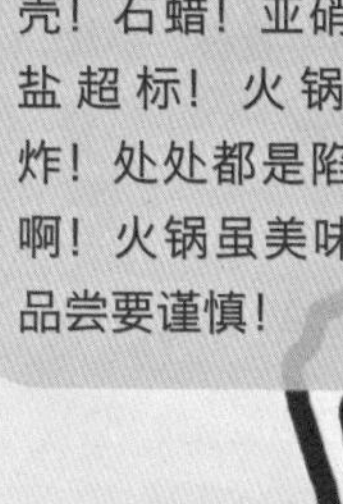

旅行之前的准备

计划篇

旅游并不是一件简单、清闲的事。在你出发前，一定要做足功课。有了充分的准备，旅游才能变得顺利而美好。也许一家人外出旅游，为旅行做准备是爸爸妈妈的工作，但是如果你也加入进来，帮爸爸妈妈一起分担，在旅行的过程中你会玩得更加有兴致，收获更多！

1. 目的地与行程

要去就去你最想去的地方！把你想逛的景点、想了解的地方、想玩的场所、想品尝的美食、想购买的东西……都列入你的旅游线路中来吧！这是第一步，也是你这次旅行的核心！

2. 交通方式

如果是随团游，这就不用操心了。如果你选择了可以玩得更深入、更尽兴的自助游，一定要提前预订往返机票或车票。对于行程中各个景点之间的交通方式，尽量也计划妥当。

3. 住宿

前面的一切确定好之后，就可以根据你的行程来预订酒店或其他住宿地点了。可以到一些正规的网站预订，价格会更加便宜哦！

4. 旅行方式

随团游、自由行、自助游、自驾游……你选择什么方式呢？可以根据目的地、经济能力、时间、心情等来决定。

5. 天气

天气情况决定着你的旅行质量。一个良好的天气环境，会让你觉得旅行过程非常舒适而美好。如果遇上不合适的天气，也必须早做准备。所以，一定要提前查询好旅行期间的天气状况，以便准备携带的物品。

中国海关：7 类物品不能入境

1. 各种武器、仿真武器、弹药及爆炸物品。
2. 伪造的货币、伪造的有价证券。
3. 对中国政治、经济、文化道德有害的印刷品、胶卷、照片、唱片、影片、录音带、光盘、计算机储存介质等。
4. 各种烈性毒药。
5. 鸦片、吗啡、海洛因、大麻等使人成瘾的麻醉品、精神药物。
6. 新鲜水果、茄科蔬菜、土壤、犬和猫以外的活动物、动物产品、有害生物等。
7. 有碍人畜健康的、来自疫区的，或其他能传播疾病的食品、药品等。

出入境时不能携带的物品

如果你要出国旅游，有些物品一般是禁止携带的，这里列举一些常见的禁带物品：动植物、蛋类制品、农作物种子、昆虫、乳类产品、肉类、禽类、鲜果及蔬菜、土壤、武器、毒品等。

各国在出入境方面都有不同的禁止性规定，不仅是物品，每个国家准许携带入境的现金数额也是不同的。当你要出发之前，最好仔细查询。如果不确定自己携带的物品中是否有违禁品，在过关时可以到违禁品通道主动申报。万一携带了违规物品，一旦被查，那麻烦大了！

土耳其：一个石子儿都带不走

不少国家文物都有可以在国内交易，但不允许带出境的规定，而土耳其对文物走私行为打击尤其严厉。出境游客通常对国外情况不熟悉，应尽量避免买“地摊货”，以防不必要的麻烦。一定要买纪念品的话，可以在正规的商店购物，索要发票，这样才有保障。

非洲：带出象牙可能判“无期徒刑”

去非洲玩一趟，只因为买了些象牙工艺品带回国，就可能因为走私珍贵动物制品罪而面临终身监禁。携带象牙制品入境，需要获得出口国的出口许可证，以及通过事先申请并取得的由国家濒危物种进出口管理办公室核发的允许进口证明书。

澳大利亚：药品需要报关

任何医药品都必须向海关申报，包括处方药、替代品、草药和传统药物、维生素和矿物质处方，其中某些药品需要相关证件或者医师的处方证明。

美国：盗版勿入

美国在入境携带方面也规矩甚多。需要特别交代的是，盗版的书籍、电脑程序及音像制品都不得进入美国，盗版制品会被没收销毁。

物品篇

你要携带哪些物品当然要结合自己的需要。打开每个人的旅行箱，虽然“藏货”各不相同，但是有些东西却是必备的。这里列举一些常规装备吧！

票据和证件

车票、船票、飞机票、身份证、学生证、护照、签证……与旅行相关的票据和证件，都要一一带上哟！

盘缠

提一下顶级必备的“干货”——钱！现金少量，最好分开放，不要都放在同一个口袋里。不过，还是刷银行卡或信用卡更安全。

箱包

是箱是包，是大包还是小包，根据旅游行程的远近、携带物品的多少及时间的长短确定。无论是箱还是包，质量一定要好，承重能力要强。如果需要，腰包也可以带一个，放些零碎的必需品。

手机及配件

这贴身宝贝不用说也得带上，同样别忘了配件。

便携式雨伞

无论短线长线旅行，也无论是任何天气状况，天有不测风云，带上吧，可遮阳可挡雨。

多功能军刀

这也是必备物品之一，在旅行中可以解决你的不时之需。（注：需要放在托运行李中。）

照相机及配件

随身携带，别给旅行留下遗憾。除了数码相机，备用电池和充电器也别忘记带。

鞋子

一双好的鞋子，对旅行者至关重要，最好是穿防滑的鞋，别穿新买的鞋子。脚上走着舒服，玩得才更从容。

护肤品

出门在外，也要一如既往地保护好自己的皮肤哟！

药品

常用感冒药、止泻药、云南白药、创可贴等，晕车晕船的人还要带上止晕药。

洗漱用品

毛巾、牙膏、牙刷等物品，建议长线旅游带上。

特殊提示篇

如果你要去下面这些地方旅游，还需要一些特殊的准备和提示。

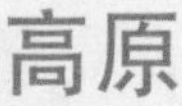

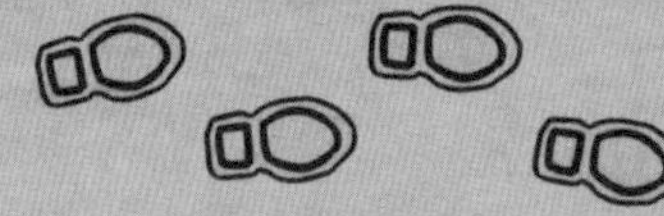

高原

避免剧烈运动，防备高原缺氧。如果要登山，最好选择高帮登山鞋，可以保护脚踝。

冰雪天地

全身武装，帽子、手套、围巾、棉服、棉鞋……另外，小小的唇膏也能派上用场，可以预防嘴唇干裂。

理解和尊重

对目的地所在国家的宗教信仰、民族习惯、语言和行为的禁忌要提前了解清楚，以免无意中踩到“地雷”。

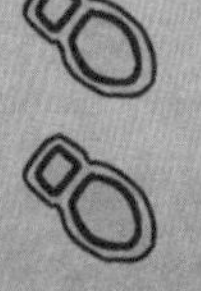

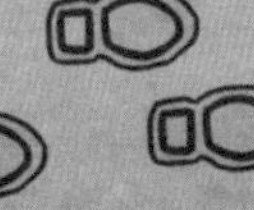

野外露营

帐篷、睡袋、防潮垫、手电、手表、火种、灶具、水壶、指南针……都是必需的。

热带丛林

预先了解一些该地区有毒害的动物和昆虫，避免大难临头时认敌为友。

出发前别忘了注意旅行安全，做一个讲文明、懂礼貌的旅行者，爱护文物、尊重当地习俗、提高警惕、谨防上当受骗。各位朋友，预祝你旅途愉快！

热带海滨

遮阳帽、墨镜、防晒霜（油）……必备哟！

传说中的购物天堂

把自己想要买的东西列一个清单，不要随便被所谓的便宜货、新奇玩意儿迷惑。

交通安全大比拼

在现代社会，人们的出行离不开形形色色的交通工具。各种交通工具让人的腿“变长”了，让世界“变小”了。

今天，我们要举办一个交通工具安全 PK 赛，看看使用哪种交通工具更加安全、更加让人放心。

公交车和长途汽车

郑亚旗：“各位，可以绿色环保一点儿吗？现在都提倡坐公共汽车，少开私家车。而且，这种出行方式也非常安全，因为它们的速度一般都不会太快。不过，我们在坐车的过程中不要打瞌睡哦，否则一旦出事就没有及时逃生的机会了。”

火车

鲁西西：“我认为坐火车最安全，万一有危险，我们还有可以逃生的反应时间。而且，火车的事故率比汽车要低得多。”

飞机

皮皮鲁：“如果要去很远的地方，还是坐飞机更快捷。其实据我所知，飞机的事故率应该是最低的，只不过呢，一旦出事，生还率也是最低的。”

轮船

罗克：“轮船也不错啊！只要没有太大的风浪，坐着舒服，还可以欣赏沿途美景，多享受啊！万一遇上险情，可以用来逃生的时间比火车要多得多啊！像泰坦尼克号那种沉船事件，发生的概率还是很小的。”

汽车

舒克：“其实，我们最常坐的还是汽车。有车族开车出行，在日常生活中是最方便快捷的了。只不过，由于各型各类汽车自身的质量和驾驶员的操作习惯不同，轿车的安全系数也不太稳定。”

步行

舒克：“还是‘11 路’最靠谱了。步行多好，哪儿安全往哪儿走，哪儿有危险赶紧逃。”

贝塔：“走路出行，你以为就安全了吗？我看马路上到处都是井盖，还有各种障碍，有时还有狗屎！现在走路不看路的人可真不少，危机四伏啊！我看，还是不出门最安全了！”

下面，请评委对各位选手做出评判。

自行车

罗克："绿色出行？那非自行车莫属！就算摔下来也没太大事儿吧！"

摩托车

皮皮鲁："就看你摔在哪儿了！骑摩托车怎么样？多拉风啊！在市内出行，骑摩托车最方便了！只不过，'人包铁'还是危险重重啊！"

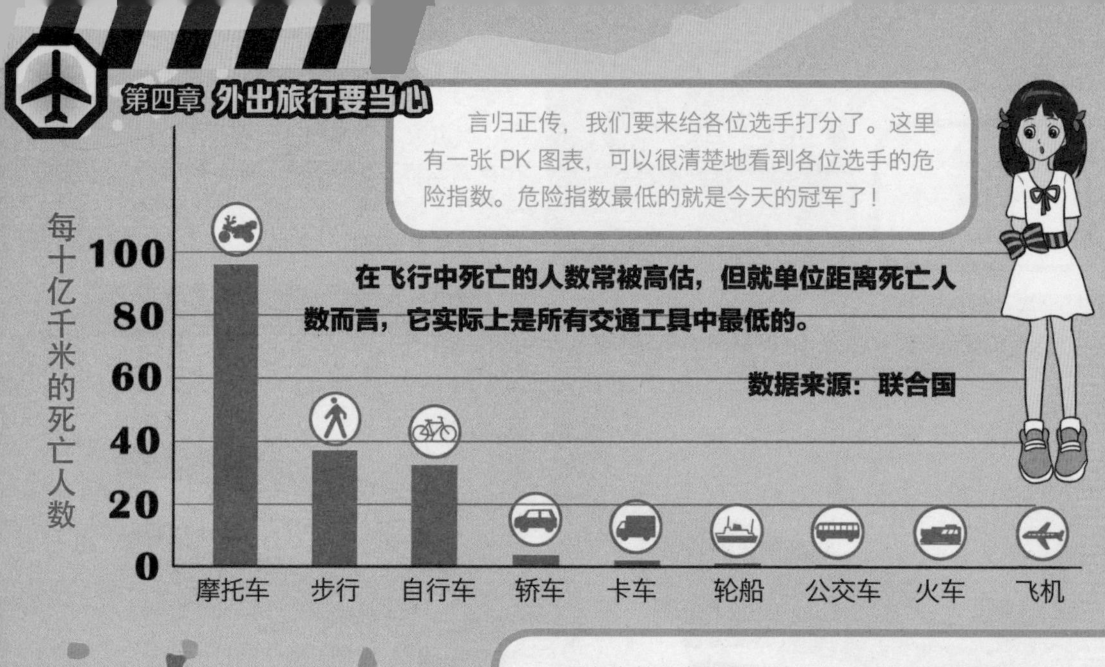

现在为前三名颁奖，请各位选手发表一下获奖感言吧！

感谢大家颁给我这个奖！其实飞机的事故并不少，只不过绝大多数的事故都被扼杀在萌芽状态了。说到安全，我总结出了一个飞机座位安全指数分布图，现在拿出来供大家参考。当然，飞机的座位一般也不太容易随你所愿来掌控，各位最好全程系上安全带，遇到紧急情况一定要保持冷静，听从机组人员的指挥。

感谢大家！说到安全座位，我也想提示各位，坐火车时不要在每一节车厢的车门附近逗留，因为一旦撞车，你在那里是最不安全的，很可能会被甩出去。中间部位的座位、背朝行驶方向的座位更加安全些。一旦列车发生剧烈震动，要立即蹲下，扶住车内固定物品。

如果你是从动车里逃生，每一节车厢都会有右图这种红点标注的玻璃，请取下锤子，对准红点猛敲。别的玻璃，不管你是敲中间还是敲四个角，都是敲不碎的！

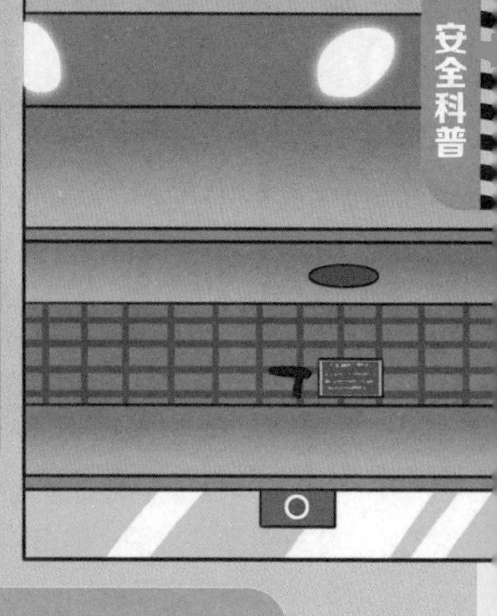

能得到这个奖，我感到非常荣幸，身上的责任也更重了！我也来分享一下公交车的安全座位图。

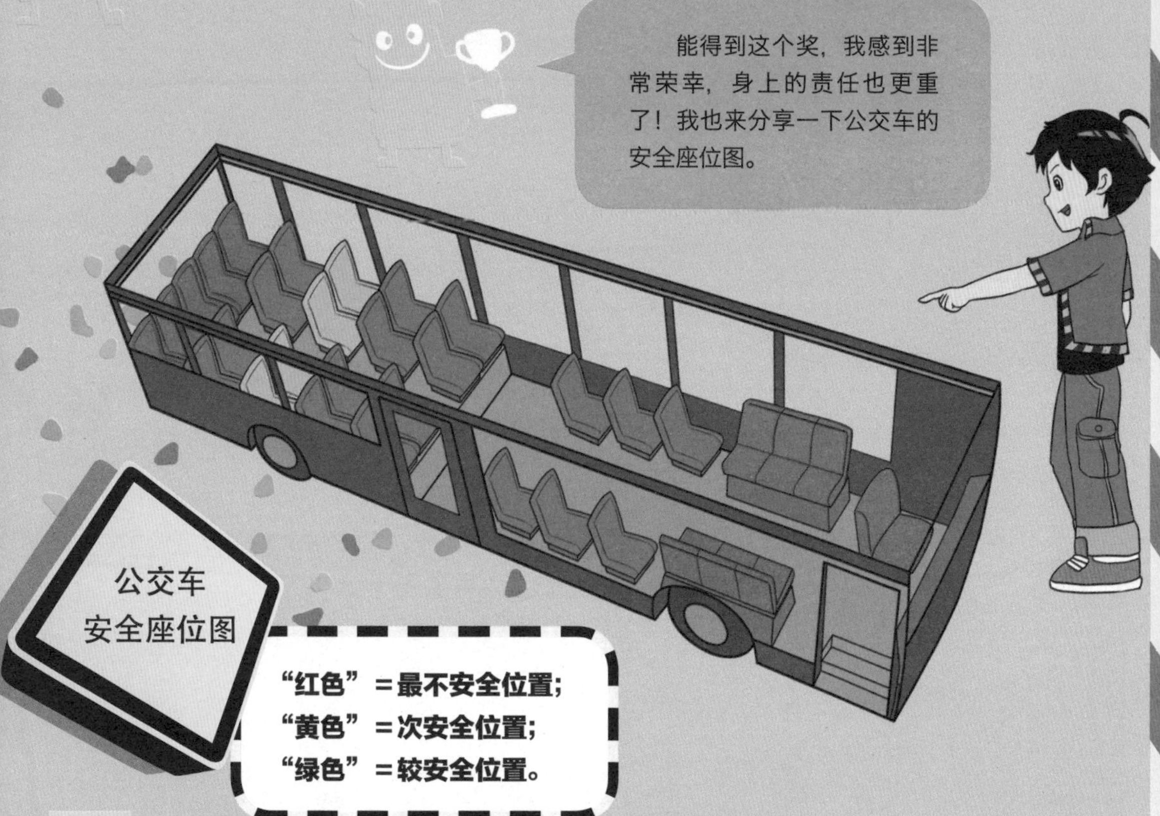

“红色”＝最不安全位置；
“黄色”＝次安全位置；
“绿色”＝较安全位置。

虽然我没有得奖，但我也要借此次机会跟各位提个醒。年幼的儿童坐车一定要使用儿童安全座椅，轿车上最安全的位置就是驾驶员后面的座位。开车的各位一定要严格遵守各项交通法规，千万不能把孩子单独留在车内。另外，遇到较深的积水，还是先下车打探为妙，不要冲动地把车当船开啊！

即将消失的美景

随着人类对地球生态环境的破坏，也许我们终将有一天会失去赖以生存的家园。在末日来临之前，你有没有想过要去哪些地方呢？让我们一起来看看这些不可不去的末日旅行之地吧！

北极

北极地区冰山的冰冠正在不断消融。科学研究表明，到2040年或更早，北极在夏末将会无冰。整个北冰洋，包括北极地区将是一片汪洋。

大堡礁

由于过度捕鱼，沿海开发，污水、农药入海污染以及全球气候变暖，这个世界上最大的珊瑚礁区的珊瑚礁，将在2050年大量消失。

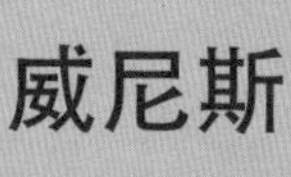

威尼斯

威尼斯正面临着被洪水侵袭、地面下沉和环境污染等威胁，近年来曾发生圣马可广场被洪水所淹的现象。威尼斯与亚得里亚海仅由一道沙堤相隔，海水回灌现象正威胁着它的存亡，更何况还有全球都面临的海平面上涨问题。

乞力马扎罗山

乞力马扎罗山是非洲最高的山脉，素有“非洲屋脊”之称。由于气候变暖，积雪已逐渐融化。预计 10 年后，山顶就将变为光秃秃一片，动植物也会因此死亡或者迁徙他处。

马尔代夫

据专家预测，到 2100 年，全球海平面将升高 40～50 厘米，原因依然是全球气候变暖。按照该预测，诸如马尔代夫群岛这样的平均海拔只有 1.2 米的岛屿最终将没入海中。这个被誉为“人间最后的乐园”的印度洋国家将在 100 年内变得无法居住。

美丽的田野

来到美丽的乡村田野，看到很多新奇好玩的东西，你是不是已经跃跃欲试了呢？但其中的很多安全隐患告诫我们不能玩得太放纵了，看看图中，你能找到几处安全问题？

小谜题
你能在画面中找到舒克和贝塔吗?

危险区域
禁止通行
人多的地方，你知道要注意哪些安全问题吗？看看本章的安全小贴士吧！

第五章 人山人海要绕道

危险区域 禁止通行

跨越人山人海

喂喂，是皮皮鲁吗？
我代表元宵联欢会节目组诚挚地邀请您和小伙伴来观看演出。亲们，都来啊。
明明就是唱戏的台子。
各位亲，我想死你们了。
哎呀，有人踩了我的尾巴。
你们听，这是罗克的声音。
我只能看见前面的人。
皮皮鲁，你能看见罗克吗？
我正有此意。
皮皮鲁，我们能钻进你的兜里吗？

你不是有手机吗？跟亚旗约好在庙会外面见吧。
哦，NO。亚旗来了！
亚旗，我们在人堆里，你不要进来了。
我们在庙会外面的桥上见吧。
天哪，他还是老样子。
唱歌依旧难听。
罗克扯着嗓子引吭高歌，现场变成了罗克个人演唱会。
爱情不是你想买，想买就能买……老师不是你想当，想当就能当……
因为歌声太难听，现场开始混乱。

快逃跑啊，暗夜使者要来了！
暗夜使者是什么？
糟了，亚旗在桥上。
他那么弱不禁风，会被人推倒的。
不行，我们要去救他！
飞出去呢？
这么多人，我们被人推着走，根本到不了桥头。
舒克，理智点，就算带了飞机，它那么小，找到亚旗，也带不走他。
不是我要摔的，后面人推我。
哎呀！老奶奶，你摔我身上了！
我的鼻子都被压扁了。
舒克，你没事儿吧？
嗨，哥们儿，你倒是说句话啊。
糟了，舒克不见了！

舒克一定
被挤到地上了。
要是有人把
贝塔踩了，
就太糟糕了。
救命！
我在你的
脚后跟。
舒克，你在
哪儿？
我去救他。
不行，你别
去了，万一
人潮再倒过
来怎么办？
等不了了。
舒克从皮皮鲁口袋跳了出去，
迅速爬过皮皮鲁的屁股，还碰到
一个大妈的膝盖，到达脚后跟。
舒克把贝塔拉了
起来。二人重新回到
皮皮鲁的口袋。
我在你们的地
铁里，也感受
过这样的人流。
所以不要在上
下班高峰期带
小朋友坐地铁，
会很危险。
尤其是许多
男士，一点
儿也不绅士。
终于到
桥头了。
就是，根本
就是土匪。
和女人、孩子
推推搡搡。

桥头上也人山人海，桥上挂的灯笼被挤了下去，掉进河水里。
亚旗说在第二个灯笼处等我们。
反正我和贝塔是什么都看不见。
亚旗，亚旗，你在哪儿？
肯定被人流冲散了。
快，皮皮鲁，咱们从旁边的森林穿过去。
会不会有野兽？
那也没办法了。
好吧，勇闯森林。
还是森林好啊，真空旷……还有猫头鹰的叫声。
啊哈哈哈哈，这不是猫头鹰。
还是罗克的歌声……

快给亚旗打电话，告诉他怎么走过来。
我们刚才那个地点不是很给力。
对！人多的时候一定要和家人、朋友约好碰头地点。
要约在大家都知道的地点。
而且要人少的地点。
告诉他，我们在大丽花旁边等他。
亚旗，你还在桥上？那你绕过桥头，下面一片森林。
哦了！
你们看，前面有亮光。
突然，前面窜出四只大野狼，围成一圈。
亚旗没等来，等来了狼。
皮皮鲁，我们快跑。
来不及了。
群狼相会！
呵呵呵，我是暗夜使者，你们赶紧把宝贝都掏出来。
我们没有宝贝。
你们从庙会来，肯定买了不少东西。

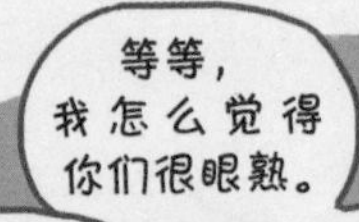

等等，我怎么觉得你们很眼熟。
我们见过？
你太过分了，又是你们？
哦，别冲动！
跟狼是没有办法用谈判解决的。
少废话，舒克，我们揍他。
让你没事儿冒充暗夜使者！
我们是如假包换的暗夜使者。
战斗力这么差！哼！
最终，舒克贝塔三下两下把大野狼打趴下了。剩下的三只野狼逃走了……
亚旗被挤得衣服破烂兮兮，满脸脏兮兮，鞋也掉了，终于从人群里逃了出来。
我以后再也不去人多的地方了！
啊，大丽花，就是这里，走对了。
怎么到处是大丽花啊？
您好，您拨打的电话已关机。
啊！皮皮鲁，你怎么可以在这个时候没电了。到处都是大丽花，根本就是大丽花迷宫！
两只小老鼠？几位先生，请问你们在哪儿见到的小老鼠？
天啊，那两只小老鼠太吓人了。
啊哈哈，皇天不负有心人，又遇到人了。小帅哥，把宝贝交出来！

大野狼，
你给我闭嘴。
亚旗，
我们是跟着大野狼来的，
没想到胜利和你会师。
你们太坏了，
到处都是大丽花，
你们约的地点
太不科学了！
亚旗，人山人海的地方
尽量少去，一旦出点状况，
就很容易发生踩踏事故。
最明智的做法
是你在家宅着。
如果不出门瞎溜达，
那也是极好的。
不是，我要
出门的！

不见不散

出行在外的时候，车多人多，难免一个转身，就和爸爸妈妈走散了。遇到这种情况该怎么办呢？有什么办法能防止“走丢”呢？来看我们给出的小贴士吧！这里会有很实用的方法，让我们和爸爸妈妈不见不散。

出行预备式

穿颜色鲜艳的衣服，显得有朝气又容易辨认。当然，如果父母也穿上同款的衣服，就是很有爱的亲子装啦。

走丢有奇招

牢记父母的姓名、联系方式和家庭地址。不过俗话说好记性不如烂笔头，把这些信息写在卡片上做成“身份标签”，会更好一点儿哟。

大手牵小手

步行时，尤其是大拨人流拥过来的时候，一定要牢牢牵住父母的手。这个时候不妨考虑自制一个亲子手环，一头牵着你，一头牵着父母。

陌生人再见

碰到陌生人搭讪，牢记四不要：不要相信陌生人，不要跟陌生人讲话，不要接受陌生人的东西，不要跟陌生人走。

好奇害死猫

看见新奇的玩具或者好玩的东西迈不开脚步，想要去玩玩捏捏摸摸？别急，先转身拉住父母，确认安全，获得认可后，再拉住他们一起玩吧！

预定见面点

出行之前约好在哪里碰头，最好是广场中心、大厦等标志性建筑物。地点一定要详细，比如精确到某大厦东门大厅或者门外。

假如走丢了，那么怎么应对呢？

1. 一旦发现只剩下自己一个人，是哭闹和叫喊吗？不，我们可以试着深呼吸几下，让自己镇定下来。爸爸妈妈肯定会找到我们的，可是一旦我们情绪不对劲，很有可能被坏人盯上。
2. 安静下来后，我们可能突然意识到出行前，并没跟爸爸妈妈约定好走散后的见面地点。那么就站在原地等他们，切忌乱走。
3. 对面走来穿着制服的人，他们可能是警察、保安或工作人员。你要知道如何分辨他们，可以向他们求助。
4. 等候期间可能会有陌生人跟你讲话，给你漂亮的玩具或者好吃的零食，说要带你去找爸爸妈妈。而你不知道他们是好人坏人，那就摆出酷酷的姿势，散发出生气的气场吧。
5. 你终于走到可以求助的人面前，很庆幸你记住了父母的手机号或者你随身带了“身份标签”。然后很快地，得到信息的爸爸妈妈赶了过来，“走散”被击败了！你成了王者。
6. 寻求救助时，也许你发现自己并不记得爸爸妈妈的手机号。怎么办？不要怕，至少你知道自己的名字！那么被求助的人就可以拿着大喇叭或者通过广播召唤你的爸爸妈妈了。

假如不小心走散了，你跟爸爸妈妈是不是还有自己的暗号呢？平时你能分得出警察、保安和工作人员吗？假如不是很确定，那就要多看多记啦。安全出行，让我们与爸爸妈妈不见不散吧！

挤踏求生术

人一多，事儿就来了。假如遇上紧急事件，大家一窝蜂地跑起来，很容易就会被误伤。这种情况下，怎样练出“金刚罩”，在被推被挤的躁动人群中杀出一条生路？所谓“知己知彼”就一定会赢，让我们了解一下怎样更好地保护自己吧！

1. 出去玩，多留心，安全二字记心中。提前观察好安全出口和紧急出口是你保命的不二法宝。
2. 多看教育视频，遇到这种情况就不会慌乱，能第一时间做好准备。
3. 平时多学紧急救治的方法。技多不压身，说不定能派上大用场呢！
4. 如果小区或者学校有演练，不妨多去“玩玩”。做游戏的同时，还能学到保命的知识哟。
5. 最实际而且有效的方法其实是遇到大型活动要理智，尽量少凑热闹。

紧急情况做什么？

危险不可怕，可怕的是你不知道危险是什么以及怎样应对。参加群体性活动的时候，小心留神不会错的！

不要慌乱，安抚身边的朋友和其他人都镇静下来。

尽快赶到安全出口。在建筑物内的话，千万不要乘电梯。要是突然断电或者电梯坠落就更可怕了。

人流拥过来时，马上避到一旁。这时候跑起来，就会很容易摔倒。

躲避不及怎么办？稳住脚，尽可能抓住坚固的东西，像是路灯、护栏这些。像蜘蛛那样稳稳粘在上面，等人群过去后再快点离开。

如果顺着人流走，身体不要往前倾，鞋子掉了也不要弯腰。你若选择逆着人流，结局就会很悲惨啦。

前面有人摔倒了，就马上大声呼救，告诉后面的同伴。

自己不小心被推倒，就要想办法面向墙壁，双手扣住脖子后面，抱成个球状。这样就能最大程度地保护好自己。

看到有人挤在一起，确保自己安全时拨打 110！

怎么样？学会了如何在拥挤的人群中安全脱身吗？

假期培训小贴士

你的假期怎么过？一个人上网玩游戏看电视？No,No,No!这些玩法早就过时了。走出家门去参加一些培训，不仅让你玩得high，还能让你获得很多不一样的技能，有不一样的体验。说到假期间的培训，你想到了什么呢？

分门别类有窍门

对假期培训有了大致的了解后，你对自己的假期是怎样安排的呢？假期培训也疯狂，快来喊“一二三”，让我们牢记“玩得好，学得好”的口号，让我们的假期嗨起来吧！

假期，从计划开始

1. 做个时间表，里面不仅有上辅导班的时间，还要列出休息的时间。
2. 根据时间表，要保持正常的作息，让我们跟黑眼圈、大眼袋说 goodbye。
3. 好好学习，好好休息。想要大脑清醒，高效率地运转，就在它疲劳之前让它好好休息一下吧！

该不该参加节日活动？

正方——舒克：应该参加
反方——贝塔：不应该参加

在节日里参加活动是一件大家同乐的事情，但随着节日里安全事故的频频发生，在这本该热闹的日子里，我们到底还应不应该参加节日活动呢？现在我们的双方辩友准备开始辩论！

主持人：郑渊洁

ROUND 1

我方认为过节就应该参加活动，这样才有意义。比如泼水节、端午节等，大家一起去现场感受节日的气氛，热热闹闹地玩乐，是多么开心的一件事情。难道在这样的日子里，我们非要独自躲在家里不成？

大家都聚在一起参加节日活动，那样的场所人肯定特别多。安全是最大的问题，人群会把小孩儿与父母冲散，容易被人贩子盯梢。而且一些特殊的活动，比如跑马、喷火等，这些项目本身就存在着危险，万一对人群造成伤害，到时候都来不及躲避。

ROUND2

人太多的情况下，只要提前做好一定的安全准备，就不会发生这样的悲剧。例如提前找好紧急逃生口，在远处观看那些特殊的节目等，任何危险都禁不起有准备的防护！

对方辩友想得太乐观了。许多意外的发生，即使有准备也是徒然。在2012年西班牙的万圣节聚会上，突然有人向人群里投掷了一枚焰火，引发观众恐慌，最终导致了挤踏事故，有3人丧失生命。这样的事例多不胜数，让你防不胜防！

ROUND3

如果过节不参加活动，而选择其他的时间，那过节的意义就完全没有了，而且很多活动只有过节的时候才有，是节日里的特色，其他日子是很难再会有的。所以，过节一定要参加活动，这也是风俗文化。

所以，我方认为过节的时候不一定要参加活动。可以错开节日的高峰期，选择其他的时间出行，这样不仅可以玩得更畅快，而且安全也有了一定的保证。不得不说，人多的地方就容易出事故。

双方辩论得很精彩，过节需要活动来渲染气氛，但安全问题同样不容忽视，不要让原本欢乐的日子因为安全事故而失去欢声笑语。

区域
通行
危险区域
禁止通行
危险区域
禁止通行
危险区域
禁止通行
危险区域
禁止通行
节假日期间商家经常以打折促销的手段吸引消费者，殊不知有时贪便宜会吃大亏。炫富的行为同样不可取，不但会遭人嫉妒，可能还会招来横祸。记住，不贪便宜不炫富，安安全全过大节。
危险区域
禁止通行
危险区域
禁止通行
危险区域
禁止通行

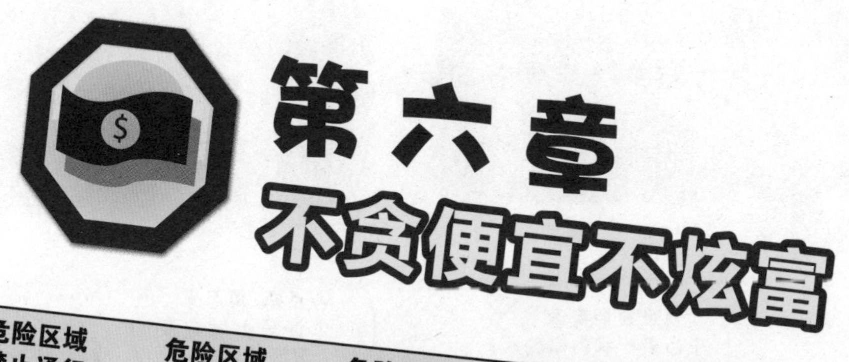

第六章 不贪便宜不炫富

贪便宜没好事

两分钟过去了

我也要拥有像小白兔一样白嫩的皮肤啦！

5分钟过去了

有点痒，再忍忍，也许马上就会变得肌肤白皙。

10分钟过去了

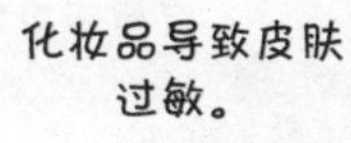

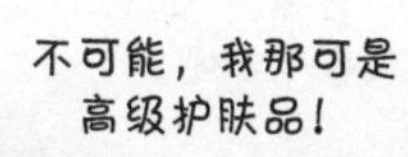

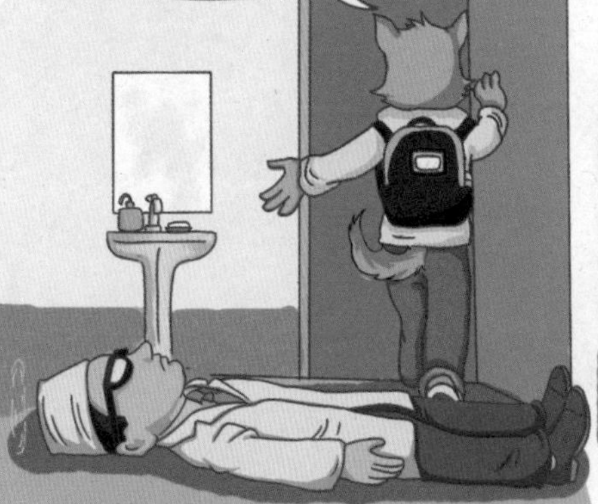

再试用一次护肤品来证明医生是误诊？

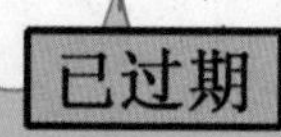

VV 保质期

罗克，
来我家吃饭吧。

我就不去了吧，
家里还有事儿。

你能有什么事儿，我买了好多海鲜，快点来。
海鲜

海鲜！没问题，
我一会儿就到。

我得装扮一下，
不能让他们看到
我受伤的脸。

人家只是
脸不好看嘛！
怕怕
?
!

请问你找谁？
我是罗克啊！
我感冒了，
医生说不能着凉。
嘻嘻！
哇，美味！
啊，你的脸？！
过敏了，皮肤过敏而已。
怎么可能？我对海鲜
一点儿也不过敏。
不会是海鲜过敏吧？

嗯！
好疼，我的肚子好疼啊。
哎哟!!
啊呸!!
赶紧叫救护车……
120急救
食物中毒，
吃的海鲜不干净。
幸好我们俩
还没来得及吃。
都怪我，看到海鲜买一斤
送半斤就买了好多，
真不该贪图便宜。

这次的事件是由于贪便宜引起的，亚旗要好好反省一下。
不好意思啊，让你们受苦了。
其实我们每个人都有贪便宜的心理，而骗子恰好抓住了这一点，大家才会上当。
对，说得对！这些骗子太可恶了。
所以我们要抵制住诱惑，很多商家打着促销的幌子，其实商品早都过期了。
其实……其实我的脸也是贪小便宜才变成这样的，呜呜呜——
呜呜
吃一堑长一智，下次你就不会再上当受骗了。
没想到舒克这么聪明也会被骗啊？
舒克，你有没有过被骗的经历？
有过，曾经有过那么一次，我差点儿就再也见不到你们了。

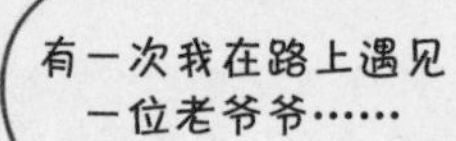
有一次我在路上遇见
一位老爷爷……

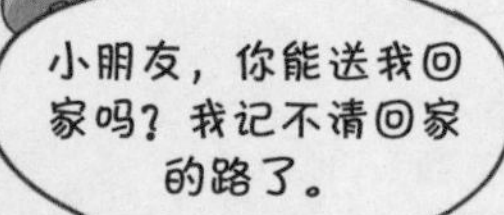
小朋友，你能送我回家吗？我记不清回家的路了。

老爷爷，你别着急，想一下你家附近有什么标志。

我只记得家门口有棵大槐树。

我按照他说的标志，来到了偏僻的郊外，那个老爷爷露出了真面目。
嘿嘿，送上门来的小娃娃，一会儿把你卖个好价钱。
你这个骗子！

后来你是怎么逃出来的？
我趁他不注意的时候，从门口的小洞里钻出来了。

老鼠就是有这本事。
舒克的这段经历可真够惊险的。

骗子的招数可真多，我们一定要小心别上当。
我这不算贪小便宜，是帮错人啦。
反正都差不多嘛，一样是被骗。
看来我们抵制的诱惑可真不少，要拒绝陌生人给的食物、不参与商家举行的免费赠送活动、不捡地上的财物、不凑热闹、不独自跟陌生人离开，还要收起自己的好奇心。
我还要补充一点，不买冒牌的化妆品。
亚旗，贝塔又在取笑我……
哈！哈！

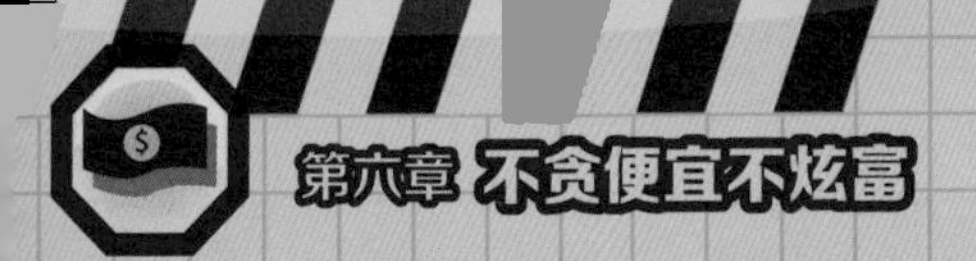

小诱惑大隐患

人生有各种诱惑，如果你禁不住考验，往往会给自身带来很多危害。一起来看看下面这些诱惑，你是否能抵制得住？

美食诱惑

很多人面对美食一点儿抵抗力都没有，毫无节制地大吃大喝，最后吃成大胖子。不仅对身体危害多多，而且还可能因为贪嘴被骗，甚至被人贩子拐卖。

危害指数：★★★★

促销诱惑

面对超市或者商场的促销活动，一些消费者头脑容易发热，抱着比平常能便宜很多钱的心态，狂买一堆促销品。买回家后发现，很多东西都用不到，更有些东西竟然已经过期！

危害指数：★★★

玩具诱惑

陌生人以玩具为诱饵，诱拐你去陌生的场所。你为了得到想要的玩具，轻易地跟他走，最后不仅玩具没得到，反而被人拐卖了。

危害指数： ★★★★

广告诱惑

电视上经常会有虚假广告，刻意夸大事实，吹得天花乱坠。你一下子没收住，一口气买了很多产品，没想到这些“好东西”并没有广告里所说的那么好，反而给你身心带来巨大的伤害。

危害指数： ★★★★

网络诱惑

很多同学痴迷于网络游戏，有的甚至夜宿网吧，整天沉浸在虚拟的世界里无法自拔。网络游戏虽然好玩，但要有节制，否则带来的危害可是十分严重的。

危害指数：★★★★★

娱乐诱惑

游戏厅、KTV、网吧等各种娱乐场所，诱惑多多，出入这些场所都需要花费大量的金钱。很多同学禁不住诱惑，在没有钱的情况下，很容易去偷盗、诈骗，甚至走上犯罪道路。

危害指数：★★★★★

烟酒诱惑

看到小伙伴吸烟、喝酒，你觉得很酷，也想品尝一下烟酒的滋味。在同伴的怂恿和好奇心的驱使下，你禁不住诱惑，从此沾染上吸烟、喝酒的恶习。

危害指数：★★★★★

明星诱惑

对待喜欢的明星，你近乎狂热地崇拜。只要他（她）出了新专辑或者开演唱会，你即便不吃早餐，也要把钱省下来去捧场，完全没有任何抵御能力。最后不仅耽误学习，还对自己的身体造成伤害。

危害指数：★★★★

诱惑背后的真相

很多人爱占小便宜，想通过不劳而获、投机取巧等手段，一夜暴富。请记住，天下没有免费的午餐，遇到诱惑需警惕。下面将为你揭开这些诱惑背后的真相。

中奖信息

你正在浏览网页时，弹出一个信息框：恭喜您，中奖十万元。当你手机短信或者邮箱里收到类似的中奖信息时，可要谨慎了。这是一个比较普通的骗局，但是上当的人却络绎不绝。

警报：骗子就是抓住了大多数人爱占便宜的心理，设下这种老套的骗局，当你接收到类似的消息时，千万不要上当受骗。

电视购物

在电视购物频道上，经常能看到导购员推销各种减肥产品、神奇药物以及拥有强大功能的手机，把这些东西说得天花乱坠，并且宣传“原价上千元的商品，现在购买只需几百块”。很多消费者看到这么大的便宜，难免会动心。

警报：当你看到这样的广告时，头脑一定要冷静，试想这么好的产品怎么会如此便宜？天上不会掉馅饼，这些都是给你设下的消费陷阱。

网络赌博

先让你充值，通过网络广告告诉你，有可能获得百万大奖。很多梦想发大财的人，往往会钱财尽失。

警报：财富是通过自己的努力获得的，而不是靠这些歪门邪道的招数。不要梦想一口吃成大胖子，否则很容易着了骗子的道，把自己的财物都搭进去。

老虎机

只要往老虎机里投入硬币，然后拉一下拉杆，运气好的话，老虎机里吐出的钱会高达数万元。很多人梦想一夜暴富而痴迷于玩它。

警报：要想变得富有，不能靠投机取巧的手段，赌博更是不可取的。很多人玩老虎机，最后赔得身无分文，家破人亡。

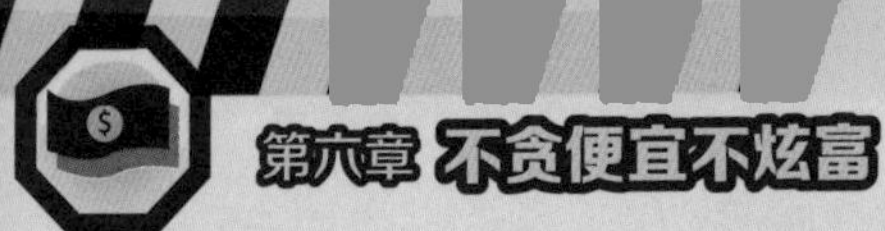

拒绝炫富

你身边有喜欢炫富的同学吗？炫富不是一种时髦，很多时候还会给自己招来麻烦和祸事，一起来看看炫富的表现和带来的坏处吧！

狂爱名牌

表现：某同学家境富裕，喜欢买各种名牌的衣服、包包、鞋子、手表等，并且在学校里经常向同学炫耀，大谈特谈自己的名牌论。最后，同学们都很厌烦她，甚至连平常跟她关系要好的小伙伴也渐渐远离她了。她感到非常困惑，认为大家是在嫉妒自己。

坏处：同学之间应该平等相处，如果不停地炫富，只会让大家都厌烦你。在你彰显优越感的同时，也会让人觉得你很爱显摆、不合群。

嘲笑别人

表现：某同学家境贫寒，买不起时髦的衣服，也没有玩过平板电脑，经常被同学们嘲笑老土。班里一位家境富裕的同学，为了捉弄他，把他带的午餐倒进了厕所里。在受到同学的嘲笑后，该同学拿着椅子砸伤了那名富同学。

坏处：对家境贫穷的同学，不要嘲笑、讽刺、挖苦。在你炫富的同时，不仅会伤害别人的自尊心，同时也可能会让自己受到伤害。

挥霍无度

表现：某同学是班里的小土豪，经常请班里的同学们去吃饭、唱歌。没想到却被社会上的不良青年盯上了，在放学路上不仅抢走了他的钱财，还扬言每天都要让他交“保护费”，否则就对他不客气。

坏处：毫无节制地炫富，只会被一些别有用心的人盯上，不仅造成钱财损失，还会给你带来精神上的伤害。因此，不管你家境多么富裕，也要尽量低调，以免招来祸事。

露富被绑架

表现：某中学生放学回家的路上，手拿平板电脑低头玩耍，时不时地还从口袋里拿出高级手机，却不曾想被几个社会青年盯上了。他们尾随该同学来到别墅区，认定这名同学家境富裕。第二天，这几个社会青年对该同学进行绑架，并且打电话给他的家人要一百万赎金。

坏处：钱财不外露，太招摇容易成为别人的勒索目标，到时候可就性命堪忧了。

不以炫富表现优越感

对于炫富的学生来说

炫富是一种心智不够成熟的表现，自己炫耀财富的同时，虽然会被别人羡慕，但是也会引来别人的嫉妒和贪婪。到时候你可就有了危险，只能自尝炫富所酿的苦果。

再者，炫富只是在炫耀父母的财富，而那不是真正属于自己的。只有通过自己的双手赚来的财富才是值得骄傲的。

对于学生来说

不要羡慕嫉妒别人的财富，曾有人嫉妒同学炫富，为了挽回面子，从家中偷走了大量的现金，然后请同学大吃大喝，这些都是不可取的行为。

要学会欣赏自己拥有的东西，要明白贫穷只是暂时的，你并没有因此而低人一等。总有一天，你会通过自己的努力变得富有。

对于家长来说

父母应该成为孩子的榜样，不虚荣也不自卑，正确地引导孩子做人。否则孩子在误导之下，身心会受到伤害，甚至走上犯罪道路。

鲁西西温馨提示：

从小我们就要养成生活简朴的习惯，不炫耀家中有钱，更不要随便带领陌生人到家里“参观”。外出、上学和放学要尽量结伴同行，路上不要和陌生人说话。同时提醒大家钱财不可外露，太过招摇容易成为别人绑架、勒索的目标。而作为家长，更不应该纵容孩子乱花钱买奢侈品。

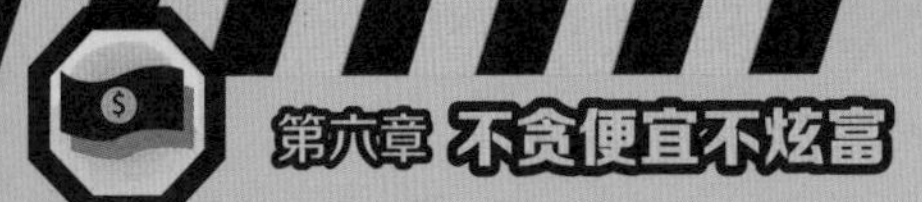

遭遇绑架如何应对

遭遇绑架怎么办？皮皮鲁在这里告诉你一些预防小技能以及如何自救才能成功逃脱坏人的魔爪！

防范小技能

远离陌生人：如果单独行走的话，不要同陌生人说话，与陌生人保持距离。绑匪绑架时一般都使用汽车，坚决不上陌生人以及没有经过父母允许的认识人的汽车，有些绑匪也有可能是熟人。

不出入娱乐场所：不要进酒吧或者网吧、KTV 等未成年人禁止出入的场所，尤其是晚上。

牢记电话号码：爸爸妈妈的电话号码要熟记，一旦遇上危险，就马上拨打家人电话或者 110 报警，防患于未然，在关键时刻救你一命。

不落单：上学放学要有监护人护送，如果没有，要和小伙伴一起同行。出去玩的时候，不能离开队伍，要跟大家待在一起。

不露富：手拿最新款手机等电子产品、背着上千块的包、穿名牌鞋子……这些的事情要尽量避免，以防别有用心的人对你下手。

学会辨别方向：很多人不懂得辨别方向，尤其是在城市里长大的孩子。所以，平常就要学习辨别方向，白天太阳升起的地方是东方，太阳落山的地方是西方；晚上有星星的时候，学会观看北斗七星，北斗七星像勺子一样，从勺子的柄上往前数五颗星星的地方，就是北极星，北极星所在的位置就是正北方。

自救小常识
万一你遭遇不幸，被绑匪绑架了，就要学会保护自己。
首先要冷静应对 过度挣扎、反抗，有可能会引起歹徒的恐慌，情急之下，更容易对你造成伤害。
多留心眼 在被绑架的路上，要多听多记，记住道路、声响、时间，但是不要说出来，最好能留下小标记。
保存体力 不要只顾着哭闹，那样会消耗体力，等有机会逃命的时候反而没有力气了。所以，该吃吃该睡睡，养足精神，一旦有风吹草动，瞅准机会赶紧跑。
争取同情 绑匪也是为人父母的人，你可以大打同情牌，假装肚子痛，请他或她不要伤害自己，等待家人的赎金。

不要告知家庭详细状况 如果绑匪问你家庭状况，爸妈有多少钱，不要如实说出来。

向外界求救 尽可能地找机会，向窗外扔求救纸条，发求救信号。

记住特征 要记住坏人的相貌、特征、穿着和车牌号码。如果成功逃脱，要第一时间报警。

皮皮鲁温馨提示：

如果你被绑匪堵住嘴，要尽量用牙齿咬住堵嘴的东西，否则可能压住口腔，造成窒息；如果是被胶带封嘴，你可以等歹徒离开后，吐口水让胶带失去黏性；如果你一时无法挣脱捆绑，请尽量慢慢活动手指脚趾，防止血液循环不畅。

学生要不要追求名牌？

正方——舒克：可以追求名牌
反方——贝塔：不要追求名牌

皮皮鲁的同桌穿了一双两千多块钱的名牌运动鞋到了学校，引起轰动。很多同学都说要让父母也给自己买一双。这件事引发了舒克、贝塔的辩论，我们来听听吧。

主持人：郑渊洁

ROUND 1

我方认为，名牌代表了一种品质，名牌产品让我们的生活水平更上一层楼。只要我们经济条件允许，完全可以去追求名牌，追求更好的生活品质。

对方辩友，请问你为什么一定要买名牌，最重要的原因不就是为了面子吗？在应该学习知识的时候，去追求对你成长没有作用的东西，根本没有必要，学生就应该穿得朴素一些。我方认为，不应该提倡学生追求名牌。

ROUND2

我方认为名牌和面子之间没有必然联系。如果说追求名牌就是为了面子，是不是我买一件名牌衣服就是因为我虚荣呢？为了表示自己不虚荣，就什么名牌都不能追求了吗？我有经济能力去追求名牌，就可以安心享受这样的品质生活。

反对。请问对方辩友，现在的学生有什么经济条件？他们买名牌的钱都来自父母，如果家庭比较困难，还一味地追求名牌，这将会给整个家庭带来多么沉重的压力啊。盲目地追求名牌还会引发同学间的攀比，生活在这种乌烟瘴气的环境中，你会舒服吗？

对方辩友的观点也有一定的道理。我们可以用名牌产品，但是因名牌而相互攀比，会影响我们正常的学习生活。做人要低调嘛，哈哈。

其实我方也不否认名牌的优势，但是如果忽视自己的家庭经济水平，盲目去买自己无法承受的名牌，那你追求名牌的路能走多远呢？而且如果你每天都在炫富，很有可能引起别人的嫉妒甚至坏人的注意。

双方辩友的辩论很激烈，当然，我也很高兴看到双方达成了一致。在我们条件允许的时候，可以适当选择有保障的产品，但如果是盲目地追求名牌，可就得不偿失了。

透视眼答案

28

黄色圈圈内的是舒克和贝塔，你找到了吗？

空调温度可不能调得太低，否则很容易感冒的！

不能对着空调吹个不停呀，得了空调病可就麻烦了。

不要在环境复杂的地方玩捉迷藏。

别拿电插板当玩具，更不能把手指插到插孔里面去！

地上有水，可不能把电插板放在旁边。一不小心可就导电了！

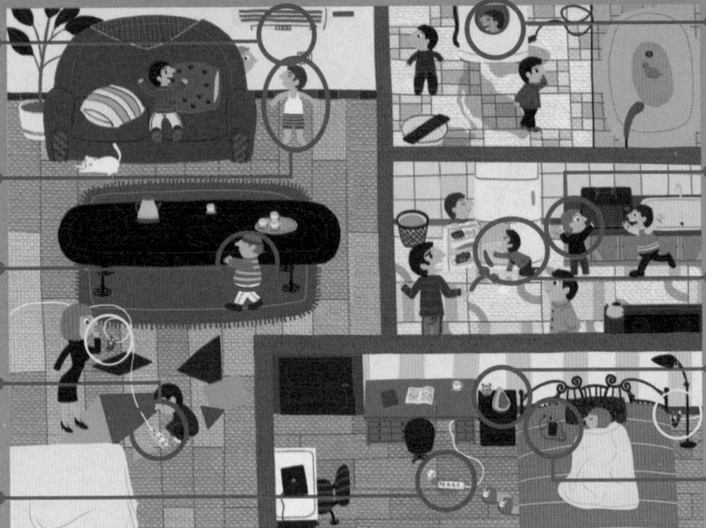

玩捉迷藏也不要爬到洗衣机里去呀。洗衣机可不是用来玩的！

跟小伙伴玩耍，要远离微波炉。要时刻记得远离电磁辐射。

可不能钻到冰箱里，冷冻自己可太恐怖了。

睡觉时记得关闭空气清新机的电源，以免发生危险。

睡觉时一定不能把手机放在枕头旁。不仅影响睡眠，还辐射大。

78

蓝色圈圈内的是舒克和贝塔，你找到了吗？

不要对着别人燃放烟花爆竹，非常危险。

在户外吃东西非常不卫生，还是回家吃吧。

燃放烟花爆竹的工作最好是交给大人，我们看就好。

不要在公路这种公众场合燃放鞭炮，一个是自身安全无法保障，也会危害行人安全。

别在室内燃放或者禁闭空间燃放爆竹，容易炸伤。

交换贺卡还是不要了吧，真情诚可贵，环境价更高，让我们保护环境从小事做起。

不要向别人投掷鞭炮，就算不会炸伤也会吓到别人。

大型爆竹烟花虽然好看，但是不能私自燃放，更不要自己动手，危险重重！

蓝色圈圈内的是舒克和贝塔，你找到了吗？

不要在野外的河流游泳，即使你是个游泳冠军。

不要惹怒野生动物，不然它们会很疯狂。

虫子看起来很有趣？那也不能徒手捕捉！

西瓜看起来很好吃？抱歉，我们不是小偷。

迷路了别瞎跑，惊慌失措后更容易迷路。

可以入乡随俗，但是不能连农民伯伯的辛勤劳动成果都带走。

这些农作工具看起来很好玩，但是通常都很锋利危险。

作者信息

安全漫画：
电老虎们／畅玩游戏／喜迎新春／去罗克的家乡　绘制：蜗牛漫画工作室

跨越人山人海　绘制：青岛电池屿卡通工作室

贪便宜没好事　绘制：战阳

安全科普：
电形金刚／巧辨陌生人／厨房里的妖怪／游戏禁地／警察抓小偷／跳皮筋／攀爬类游戏／骑马打架／123 木头人／棋牌游戏／远离精神病患者／徒手玩游戏／砰砰啪啪真热闹／好奇害死猫／舌尖上的陷阱／旅行之前的准备　绘制：炫木马时尚设计工作室

一个人在家／我什么都不知道／浴室安全事项／安全过节记心间／放假去哪儿／不见不散　绘制：碧悠动漫

不当狙击手／注意，有陷阱！／挤踏求生术／小诱惑大隐患／诱惑背后的真相　绘制：王瑞昆

假期培训小贴士　绘制：徐芳

交通工具安全大比拼　绘制：狮小施

即将消失的美景　图片来源：东方 IC

拒绝炫富／遭遇绑架如何应对　绘制：朱燕萍

安全过节记心间／注意，有陷阱！／放假去哪儿／好奇害死猫　文字：侯宏伟

警察抓小偷／跳皮筋／攀爬类游戏／骑马打架／ 123 木头人／棋牌游戏　文字：李沂蒙

砰砰啪啪真热闹　文字：赵大星

透视眼：
电器猛虎　绘制：炫木马时尚设计工作室

过年咯！　绘制：王瑞昆

美丽的田野　绘制：张念海